# 电子科技
# 制作实践教程

周喜刚 著

北京希望电子出版社
Beijing Hope Electronic Press
www.bhp.com.cn

# 内 容 简 介

本教程是以青少年电子爱好者为对象，针对各类青少年教育机构和中小学校科技活动所需，而编写的电子科技制作实践活动教程。教程以培养青少年科学素质，提高动手、动脑能力，提早发现和培养孩子的科学潜质为目标，以科学的内容和快乐的方法来调动学习的积极性，达到用健康、有趣的电子科技制作实践活动来引领青少年的爱好和兴趣方向的作用。

## 图书在版编目（CIP）数据

电子科技制作实践教程 / 周喜刚著 . -- 北京：北京希望电子出版社，2017.11

ISBN 978-7-83002-562-5

Ⅰ . ①电… Ⅱ . ①周… Ⅲ . ①电子技术—教材 Ⅳ . ① TN

中国版本图书馆 CIP 数据核字 (2017) 第 259517 号

出版：北京希望电子出版社
地址：北京市海淀区上地 3 街 9 号
　　　金隅嘉华大厦 C 座 610
邮编：100085
网址：www.bhp.com.cn
电话：010-62978181（总机）转发行部
　　　010-82702675（邮购）
传真：010-82702698
经销：各地新华书店

封面：赵豪杰
编辑：全　卫
校对：李南南
开本：787mm1092mm 1/16
印张：12.25
印数：1–1000
字数：160 千字
印刷：北京华忠兴业印刷有限公司
版次：2017 年 11 月 1 版 1 次印刷

## 定价：30.00 元

# 前　言

　　本教程针对学校科技活动和青少年宫、科技馆等教育机构的科技培训需要，同时兼顾电子爱好者而编写。本教程以培养青少年科学素质，提高动手、动脑能力，提早发现和培养他们的科学潜质为目标，用科学、有趣的内容和亲自参与、动手体验的方法，调动青少年对科学知识的学习热情，激发他们爱科学、学科学的积极性，让健康、科学、有趣的电子制作活动能够成为他们新的兴趣、爱好和特长，成为未来科学家们的起点和奠基石。

　　本教程从电子基础知识入手，在帮助读者认识和了解各种电子元器件的外形、功能、参数后，再通过图文并茂的介绍，指导读者学会使用各种常用工具和测试仪器。在此基础上，教程再由浅入深地将每一个制作案例，分做详细"电路原理""动手实践"和"发散思考与练习提高"等方面介绍和分析，让每个动手参与者都能够通过学习教程和制作实践，来达到对本教程中电子制作项目的安装、焊接、调试过程的认知和理解。

　　教程共分为三章。在第一章中，主要用通俗易懂的方式，介绍了电子电路和电子元器件的基础知识，以及电子制作所需材料、工具的参数、符号和功能，同时，也对它们的使用方法做了阐述，以便于初学者在制作实践中得以灵活地运用。

　　在第二章和第三章中，主要以电子制作动手实践的内容为主，将三十八个制作实践项目的电路原理、安装和调试的方法都做了详细的介绍。

参与者只需按照教程的步骤和教师的指导，再通过反复的实践和练习，就能够很快地掌握制做的方法，并能轻松地将原来看似"杂乱无章"和"一盘散沙"的电子元器件，变成为一个个精美的科技"作品"。

本教程把每个制作项目分为"电路原理""实践步骤"和"发散思考与练习提高"三个部分加以介绍，在每个新的知识点上，都会增加"预备知识"的学习内容，使得整个制作活动既有理论做支持，又有实践来验证，还有空间可拓展。

本教程为了很好地满足青少年的兴趣需要，在制作项目的选题上，不但考虑了项目内容的趣味性和知识性的要求，还兼顾了项目制作的难易程度。尤其是为了避免兴趣实践活动重新落入学校教育的老套路中，教程在制作项目内容确定前，都经过了编者的反复试验和认真筛选，并且是在一定范围内，通过了青少年亲自参与制作体验和实践的检验，在得到了他们的认同后，才将其列入制作项目的内容，以期用这样的方法确保制作内容的知识性、趣味性和易于制作的特性。

本教程所涉及的知识范围非常广泛，包含了物理、数学、化学、光学、声学等许多学科的知识和内容，这对青少年的学业进步和科学素质以及探索精神培养，都有着非常积极的作用。因此，本教程不但适用于学校和教育机构的电子科技实践课的教学，也可作为电子爱好者学习电子知识、培养动手能力的指导用书。

作者根据写作的需要和对青少年深入了解的需要，还开办了"金码科技实践营"这个专供青少年和电子爱好者动手实践的平台，用以测试和了解电子制作对青少年教育的影响和作用，其结果恰如预期一样，得到了家长的积极评价和青少年的热情参与。

实践证明，电子制作对青少年的学习兴趣培养，智力开发和动手能力的增强，都有着非常积极和不可替代的作用，是帮助青少年改变不良习惯和沉溺游戏的有效方法，也是培养他们的学习兴趣和科学素质的重要手段。

本教程内容详实，实践过程简单明了，对有关电子理论较深的内容和电路，没有做过多的涉及，而是采取了定性的方式加以概括，使初学者更容易接受并掌握教程内容，从而使更多的电子爱好者能够从中受益。

著者

# 目　录

## 第一章　电子制作基础

**第一节　电子电路基础知识学习** …………………………………… 3

　一、电压、电流、电阻和欧姆定律 ………………………… 3

　二、交流电和直流电 ……………………………………… 5

　三、导体、绝缘体和半导体 ……………………………… 8

　四、电路的短路、断路和回路 …………………………… 9

**第二节　常用电子制作材料** …………………………………… 11

　一、常用电子元器件表 …………………………………… 11

　二、常用电子制作材料介绍 ……………………………… 12

**第三节　常用工具介绍** ………………………………………… 30

　一、电子制作常用工具表 ………………………………… 30

　二、电烙铁的选用和使用 ………………………………… 30

　三、吸锡器的使用 ………………………………………… 32

　四、万用表的功能和使用 ………………………………… 33

　五、示波器的功能和使用 ………………………………… 36

# 第二章　乐趣开始篇

第一节　本章概述 ···················································· 41

第二节　分立元件电路制作实践 ················· 43
　　例一　点亮发光二极管实验（单向导电实验）（□）　········· 43
　　例二　电容充放电显示电路实验（□）　················· 45
　　例三　光电控制和显示电路制作（□）　················· 48
　　例四　"猫眼"电路制作（无稳态振荡器）（□、☆）　····· 52
　　例五　疯狂"迪斯科"闪烁器制作（□、☆）　········· 55
　　例六　简易音乐片门铃制作（□、☆）　··············· 58
　　例七　循环"流水灯"制作（□、☆）　················· 60
　　例八　"探宝仪"（金属探测器）制作（□、☆）　········· 64
　　例九　三极管双稳态开关电路制作（□）　··············· 67
　　　　预备知识Y-1：整流、滤波和稳压电路 ················· 69
　　例十　"夜明珠"光控小夜灯制作（☆）　················· 73
　　例十一　声控拍手开关制作（□、☆）　··············· 76
　　例十二　电子"窃听器"制作（高增益电子助听器）（□、☆）··· 79
　　例十三　神奇的光控电子开关制作（□、☆）　········· 83
　　例十四　神奇的光控延时电子开关制作（□、☆）　········· 86
　　例十五　"麦霸"微型调频无线话筒制作（□、☆）　········· 88
　　例十六　低频小功率OTL放大器制作（□、☆）　········· 92
　　　　预备知识Y-2：红外线发射与接收器 ················· 95
　　例十七　红外线遥控开关制作（□、☆）　··············· 98

# 第三章　兴趣增长篇

**第一节　本章概述** ………………………………………… 103

**第二节　混合电路制作实践** …………………………… 104

　　预备知识 Y-3：集成电路简介 ………………………… 104

　　预备知识 Y-4：三端稳压器介绍 ……………………… 105

例十八　带有 ±12V 二组电源输出的稳压电源制作（□、☆）… 107

　　预备知识 Y-5：数字电路和模拟电路 ………………… 110

　　预备知识 Y-6：六反相器 CD4069 电路 ……………… 111

例十九　CD4069 组成的低频信号发生器制作（□、△）…… 112

例二十　CD4069 电子逻辑笔制作（□）………………… 115

例二十一　输出电压可调型直流稳压电源制作（□、☆）… 118

　　预备知识 Y-7：555 时基电路 ………………………… 121

例二十二　555 "猫眼" 电路实验（多谐振荡器）（□）…… 123

例二十三　555 "耍赖" 电路实验（单稳态触发器）（□）… 125

例二十四　555 "懒人" 电路实验（双稳态触发器）（□）… 128

　　预备知识 Y-8：CD4017 计数器 ……………………… 130

例二十五　"幸运转盘" 电路制作（□、☆）……………… 132

例二十六　自动液位控制器制作（□、☆）……………… 135

例二十七　具有声、光、电显示功能的行走机器人制作（☆）… 139

　　预备知识 Y-9：LM358 双运算放大器 ………………… 143

例二十八　简易无线电遥控器制作（□、☆）…………… 144

例二十九　多功能电子工具盒制作（□、☆）…………… 147

　　预备知识 Y-10：八段数码管 ………………………… 148

例三十　　点亮八段数码管实验（□）　·········· 150

　　预备知识 Y-11：低功耗音频放大电路 LM386 ·········· 151

例三十一　LM386 低功耗音频放大器电路制作（□、☆）··· 153

例三十二　音频红外线无线发射接收器制作（□、☆）······ 155

　　预备知识 Y-12：数字电路 CD4026 ·········· 158

例三十三　手动、自动计数显示器制作（□）·········· 159

　　预备知识 Y-13：什么是电波、声波和无线电波 ·········· 161

例三十四　"隔墙耳"无线遥控门铃制作（☆）·········· 163

　　预备知识 Y-14：双通道功率放大电路 TDA2822 ·········· 168

例三十五　微型双声道功率放大器制作（□、☆）·········· 169

例三十六　315M 四路无线遥控输出模块应用测试（□）····· 171

例三十七　四通道遥控声、光、电电路展示模板制作（□、☆）··· 175

例三十八　六晶体管超外差式收音机制作（☆）·········· 179

后　记　·········· 183

# 第一章

## 电子制作基础

# 第一节
# 电子电路基础知识学习

## 一、电压、电流、电阻和欧姆定律

**1. 电压**   就是两个带电体之间形成的不同电位差。在自然状态下，由于电压和电流的存在状态，不同于其他物质，用常规的方法，很难感受和观察到它们的存在，故这些抽象的概念，往往也很难以被人理解。

实际上，"电压"与"电流"同"水压"和"水流"的存在形式很相像，因此，借助"水"的不同存在形态，对理解"电压""电流"和"电阻"之间的关系，会有很大的帮助。

假设有一盆水，它距离地面的高度是一米，这时，若把这个高度的"水位差"产生的压力，称为1Kp（同时，将"水"想象成"电"，那么，这时的"电位差"就是"1伏"），若是将这盆水放到了十米高，"水压"就是10Kp（电压就是"10伏"）。这样，把不同高度两点之间

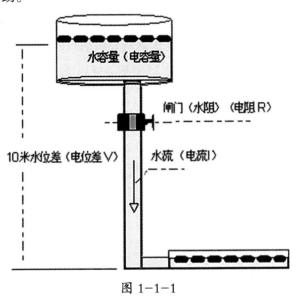

图 1-1-1

3

的"位差"就称为：水（电）"位差"，也就是水（电）压。参见图 1–1–1。

一般表示电压的符号用 U，表示电压的单位用"伏特"（V）。

电压换算：1V（伏）=1000mV（毫伏）　　1mV=1000μV（微伏）

**2. 电流**　就是在两个不同电位的导体中，自由电荷定向移动的电荷量。电流是表示电流大小的物理量，是单位时间内通过导体横截面的电荷量，"电流"如同图 1–1–1 流过连接高、低水箱管道中的水流一样，它是由高电位流向低电位的。电压与电流互为依存，只有电压而没有电流的情况是不存在的，反之也一样。

一般表示电流的符号用 I，表示电流的单位用"安培"（A）。

电流换算：1A（安培）=1000mA（毫安）1mA（毫安）=1000μA（微安）

**3. 电阻**　导体对电流的阻碍作用就称为电阻。电阻的作用，它可以限制流过所连电路中的电流大小。如同图 1–1–1 中，水管上的闸门就起着限流的作用，水管（导线）将上下水槽相连接，闸门（电阻）的开闭幅度（大、小），就决定了水（电流）在单位时间内的流量。

那么，有人不禁要问：既然负载（用电器）需要用电，用导线把电压和电流引过去就好了，为什么还要用电阻来限制它呢?

还是拿水来做比喻，比如，农民种田需要用水来给田地浇水，但农民不可能直接把长江水全部都引到他的地里，必须用水闸（电阻）来做限制，这样才能实现用长江水灌溉农田的目的。

电子负载和用电器也是一样，它们的正常运行，也都需要对电压、电流做一定的限制，过高的电压和电流都要被降下来后，用电设备才能工作和使用。比如发光二极管 LED，它若直接使用 36V 电压就会被烧毁，但通过连接适合的电阻对 36V 电源进行限流、降压后，这样既可以点亮 LED，还不会将其烧毁。所以，电阻的主要作用，就是根据负载的需要，起着对供电电路进行限流和降压。

在这里先介绍电阻的简单概念，电阻的详细情况还会在后面介绍。

**4. 欧姆定律**　是用以描述电压、电流、电阻之间内在关系的一个关系式，即在同一电路中，通过某一导体的电流跟这段导体两端的电压成正比，跟这段导体的电阻成反比，这就是欧姆定律的定义。

欧姆定律的标准公式：I=U/R　U=IR　R=U/I

其中电流 I 的单位是安培（A），电压的电位是伏特（V），电阻的单位是欧姆（Ω）。欧姆定律很有实际应用价值，可以帮助在已知电路中两个因素的情况下，推断出第三个未知因素来。

很好地掌握和运用欧姆定律，对于在电子制作实践中，正确地认识和分析电路，帮助解决电路问题，有着非常重要的意义。

## 二、交流电和直流电

**1. 交流电**　什么是交流电或直流电？人们是根据它们的电压和电流的方向和大小，是否是随时间变化而变化来区分的，当电压和电流随时间变化而变化，它就是交流电，反之则是直流电。交流电常用符号 AC 来表示。

交流电的电流方向和大小，随时间作周期性的变化，它的最基本的形式是正弦电流。平时日常使用的照明和机器动力用电，基本都是交流电，其电压波形见图 1-1-2。在实际生活中，交流电大多应用于动力、照明、传输等方面，因此，也常常将 220V 的交流电称为市电或照明电，而将 380V 的三相交流电称为动力电。另外，由于过高的电压，会对人体有害，因此，国际上将 36V 以下定为安全电压，请初学者一定要谨慎，尽量避免接触 36V 以上的电压。

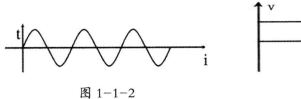

图 1-1-2

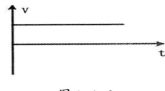

图 1-1-3

**2. 直流电**　电压和电流的大小、方向都不随时间的变化而变化的电量，称为直流电。直流电常用符号 DC 来表示，其电压波形见图 1-1-3。从直流电波形图可以得知，直流电的电压大小、方向是始终不随时间而变化的。

直流电流的流向，是由电源的正极，经导线、负载，回到电源负极。在电流回路中，直流电的电压、电流的方向也是始终保持不变的。能够提供直流电源的模式有很多种，如：电池、电瓶和直流稳压电源等。在实际生活中，直流电大多应用于自动控制、微电子和家电等方面。

**3. 电池与直流稳压电源**　电池是一种将化学能转换为电能的装置，也是直流电源的一种。一般常用的电池，每个单体电池的电压为 1.5V（充电电池为 1.2V）。在实际应用中，由于每个电子电路和用电器所需要的直流电源的电压、电流都不一样，所以，往往是根据需要，将多个电池进行串联或并联使用，以满足电路对电源电压、电压和功率的要求。

以三只电池串联为例，直流电源的串联连接方式及符号和示意图，如图 1-1-4。

直流电源的串联电压 U 总 =B1+B2+B3=4.5V

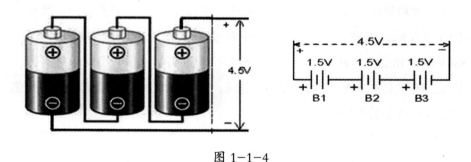

图 1-1-4

直流电源的并联电压 U 总 =B1=B2=B3=1.5V

以三只电池并联为例，直流电源的并联连接方式及符号和示意图，如图 1-1-5。

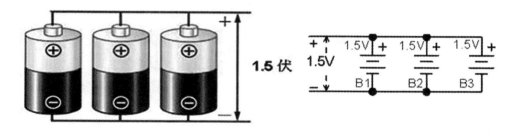

图 1-1-5

因此得知，将多个电池相串联，能使电压增加，但电量不变（即最大输出电流），仍相当于单体电池的电量；当多个电池相并联时，其总电压不变，仍为单体电池的电压，但电量增加 N 倍（N= 单体电池数量）。

不过，在做直流电源的串联应用时，需要注意的是：直流电源的串联方式，是将每个电源的正（+）、负（-）极首尾相连，电池这样连接，既能得到每个单体电源电压相加之和的结果，且每个单体电源电压不必相同；而直流电源的并联方式，则是将每个相同电压、相同极性端的单体电源相连接（即：正极与正极相连接，负极与负极相连接），且要求每个单体电源的电压要相同，最好采用同质的电源（内阻相近）相并联，以防电源之间互相充、放电，致使电源发热并产生不良结果。

直流稳压电源就是将交流市电进行降压、整流、滤波、稳压后，所得到的直流电源供给装置，直流稳压电源的电压方向和大小都不随输入电压和输出负载的变化而变化，而且，它还可以取代电池作为直流电源长期使用，并且具有寿命长、稳定度高、功率大、电压电流稳定、可调的特点。所以，直流稳压电源几乎在各种电子设备和家电中都被广泛使用。应用于不同场合的直流稳压电源见图 1-1-6。

特别需要强调的是，任何电源都要注意避免将两个不同极性的连线和端子相连接，否则，可能轻则烧毁电源和电器，重则发生爆炸和火灾，尤其是各种电池、电瓶等更要加倍注意，不得发生短路。

图 1-1-6

## 三、导体、绝缘体和半导体

**1. 导体** 善于传导电流的物质称为导体。导体中存在着大量可以自由移动的带电物质微粒，称为载流子。在外电场作用下，载流子作定向运动，就形成了电流。物质中自由电子浓度超过一定值的材料称为导体。金属是最常见的一类导体（如金银铜铁锡铝等），由于金属中自由电子的浓度很大，所以金属导体的电导率通常比其他导体材料的大，而电阻率极小，而且在极低温度下，某些金属与合金的电阻率将消失而转化为"超导体"。导体的实物可见图 1-1-7 左图的导线内芯。

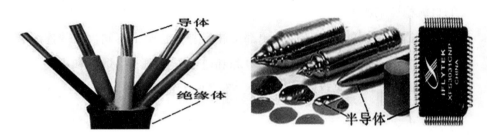

图 1-1-7

**2. 绝缘体**　不善于传导电流的物质称为绝缘体。绝缘体的电阻率极高，约为 $10\sim10^{\tau}\ \Omega\cdot m$，比金属的电阻率要大 10 倍以上，所以难以传输电子。绝缘体的种类很多，如塑料、橡胶、玻璃、陶瓷等，但绝缘体的绝缘并不是绝对的，在某些外部条件（如加热、加高压等）影响下，会被"击穿"，从而转化为导体。绝缘体的实物可见图 1-1-7 左图的导线外皮保护层。

**3. 半导体**　这类材料的电阻率介乎金属与绝缘体之间，且电阻率会随温度的升高而迅速减小，现今通常把锗（Ge）、硅（Si）等材料称为半导体。在半导体材料中存在一定量的自由电子和空穴，后者可看作带有正电荷的载流子。与金属不同，半导体中杂质的含量以及外界条件的改变（如光照，或温度、压强的改变等），都会使它的导电性能发生显著变化。由于半导体的这些特点，使得半导体在实际中有着非常广泛的应用，尤其是计算机、通讯、自动控制等领域。半导体的实物外形可见图 1-1-7 右图。

## 四、电路的短路、断路和回路

**1. 短路**　一般分为电源短路和负载短路两种情况。

电源短路：见图 1-1-8 中的导线 L1。电源短路就是将电源不同极性的两端直接相连，即电流不经过任何用电器，直接由正极经过导线流回负极，相当于电源未经过负载，而直接由导线接通成闭合回路。由于导线的电阻非常小，电源短路后，产生的电流特别大，所以，特别容易烧坏电源线和电源，甚至引起事故，因此这样的情况，要尽量避免发生。

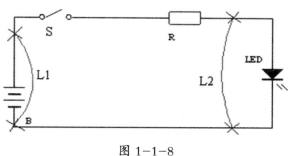

图 1-1-8

负载短路：也叫局部短路，是指在电路的某两点之间，有导线将负载（用电器）跨过，电流不通过负载，全部从这条支路流过，被短路的负载无电流流过，其余部分电路仍在工作。负载短路的情况见图1-1-8中的导线L2。

**2. 断路**　当电路没有闭合开关、导线没有连接好、用电器烧坏或没安装好时，即整个电路在某处断开，使电路不能形成回路，没有电流流过，处在这种状态的电路叫做断路（又叫开路），见图1-1-9中的A、B两点。

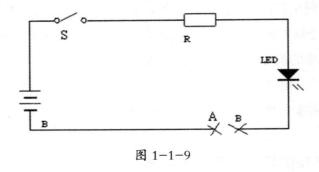

图1-1-9

**3. 回路**　一般指电流流过由电源和负载形成的电流通路。因为，任意一个电路要正常工作，都要有1个或几个电流回路，复杂的电路甚至可达几百上千个回路。凡是不能形成电流回路的电路，就不能正常工作，且在一个电流回路中，每一处的电流大小，都是相等的。根据这个原理，就可以判断一个电路是否在正常工作。电流回路图见图1-1-10。

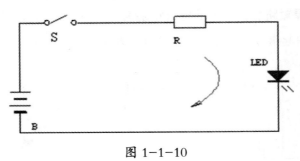

图1-1-10

# 第二节
# 常用电子制作材料

## 一、常用电子元器件表

在动手开始电子制作之前，首先要购买或备好一些常用的电子元器件，以便各项试验能够顺利开展。下面将在电子制作中，经常需要用到电子元器件的型号、参数等内容用简表列出，并对主要的材料做简单介绍。

表 1-2-1　电子制作与实验常用电子元器件表

| 序号 | 名称 | 参数和范围 | 数量 | 备注 |
|---|---|---|---|---|
| 1 | 二极管 | 1N4148 1N4007 | 各 4 只 | |
| 2 | 三极管 | 9012 9013 9018、8050、8550 | 各 2 只 | NPN 及 PNP |
| 3 | 电阻 | 22 33 47 100 470 510 680 1K 2K 4.7K 5.1K 10K 22K 27K 47K 51K 100K 180K 470K 510K 1M | 各 3 只 | 1/8W 或 1/4W |
| 4 | 电位器 | 1K、10K 、200K | 各 1 只 | 小型 |
| 5 | 光敏电阻 | MG45 | 1 只 | |
| 6 | 瓷片电容 | 30 102 103 104 224 | 各 3 只 | 耐压大于30V |
| 7 | 电解电容 | 1μ 4.7μ 10μ 47μ 100μ 470μ | 各 3 只 | 若无特别标注均为 16V |
| 8 | 发光二极管 | 红绿蓝 | 各 3 只 | Φ5 高亮 |
| 9 | 红外线接收头 | IRM | 1 只 | IRM3638 |
| 10 | 集成电路 | LM358 LM386 TDA2822 7812 7912 LM317 CD4026 CD4069 | 各 1 只 | 双列直插或直立 |

| 序号 | 名称 | 参数和范围 | 数量 | 备注 |
|------|------|-----------|------|------|
| 11 | 时基电路 | NE555 | 3 只 | 双列直插 |
| 12 | 实验面包板 | 130 线以上 | 1 块 | |
| 13 | 定制印制板 | 根据制作项目需要 | 若干 | |
| 14 | 驻极体话筒 | 小型 | 1 只 | |
| 15 | 蜂鸣器 | 小型 | 1 只 | 6V |
| 16 | 音乐片 | 单曲 | 1 只 | |
| 17 | 扬声器 | 0.5W 8Ω | 1 只 | |
| 18 | 继电器 | 小型单或双触点 | 1 只 | 5V~6V |
| 19 | 拨码开关 | 4 位 | 2 只 | |
| 20 | 八段数码管 | 1 位 | 2 只 | 共阴极 |
| 21 | 电池盒 | 4 节 5 号电池 | 1 只 | |
| 22 | 导线 | 0.2m㎡ 单股和多股 | 20 根 | 红、黑、黄 |

注：此表中的元器件，仅供部分面包板和印制实验板制作活动之用，实践活动中的定制印制板项目材料，不包含其中，需要另行购置。

## 二、常用电子制作材料介绍

**1. 实验面包板**　实验面包板可以用来搭建简单电路和作为电路实验的工具和材料，它免去了用电烙铁和焊锡焊接的工艺过程，可以直接用导线和面包板上的电子元器件相互连接，来实现电路的功能，实验面包板的实物和外形见图 1-2-1。

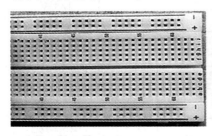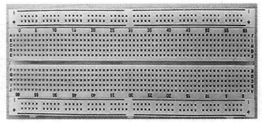

图 1-2-1

面包板的尺寸有不同大小，但板上任意两个插孔之间的距离都是相等的，都是采用国际标准的 2.54mm 间距，使用者可以根据需求选择面包板的尺寸，但在使用面包板之前，首先要了解清楚在面包板上每个孔与孔之间的连接关系，然后再去使用，否则，会造成电路故障，甚至会烧毁元器件。

一般面包板是由上、下两行和中间密集部分组成的。在搭建电路时，人们常常将上面标有＋的红色一行，作为电源正，而将面包板底端的下面，标有—的蓝色一行，作为电源负来使用的，但具体可根据自己的使用习惯和情况来决定。

中间密集的两部分，一般也是分为上、下两个部分，这两个部分孔的垂直行都是在上、下部分中，各自互相连接的，而它们的水平行之间，都是彼此绝缘不通的，因此，使用者要注意，需要根据线路情况和元器件的体积、作用、来合理安排插接位置。

总之，在使用一块新的面包板之前，最好先用万用表测量各部分的连接情况，以避免安装出错。

使用面包板的好处是，搭建电路简便易行、安全快捷，缺点是稳定性差、容易造成接触不好，初学者不易判断故障位置。

**2. 定制印制板** 定制印制板是采用环氧树脂和玻璃纤维合成材料当作基板，然后，再将铜箔粘附在基板上而成的。在实际使用中，根据基板上所覆铜箔和绝缘层的层数不同，又分为单层板、双层板和多层板。由于造价和成本的原因，单层板和双层板较多地用于相对简单和电流、功率较大的电子电路中（如：电源板），多层板则多见于复杂的电路之中（如：电脑主板一般都为4~6层板）。定制印制板，是在电路实验在面包板上完成之后，设计者根据需要，将元器件进行了合理布局和整体、外观、紧密度等综合设计，根据元器件之间连接的逻辑关系，在铜箔面绘制出电路图后，所制作的电路"母板"。

经过工厂的专业加工，定制印制板除了将元器件的安装位置等做了标识外，还根据元器件的引脚情况，预先打好了全部安装孔，用板基上附着的铜箔，作为元器件之间的连线，去除了临时的连接跳线，使得采用定制印制板制作的制品和产品，既保持了外观的美观，又增加了电路的稳定性，既可以供电子制作之用，还可以作为生产电子产品使用。

定制印制板的元件面见图 1-2-2，定制印制板的焊接面见图 1-2-3。

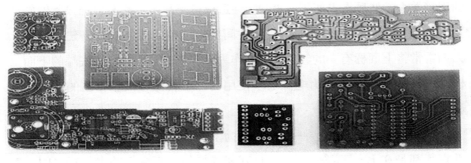

图 1-2-2                              图 1-2-3

### 3. 电阻器

（1）固定电阻器

电阻器通常称为电阻，是电子电路中最常用的元件。电阻的种类有很多，如：金属膜、碳膜、水泥电阻、线绕电阻、贴片电阻等，功率也分为 1/16W、1/8W、1/4W、10W 等，但在实验中，一般选择电阻为 1/8W 或 1/4W 为宜，有特殊要求除外。

固定电阻有两个引脚，没有正负极性分别，一般用大写字母 R 来表示，R 后面的数字表示该电阻在电路图中的编号，1K、10K、510K 都是表示该电阻的阻值大小。电阻的阻值一般与标称值会有一定的误差，设计者可以根据不同场合的应用来选取，国外常用的电阻符号见图 1-2-4，国内常用的电阻符号见图 1-2-5。

图 1-2-4                    图 1-2-5

为了便于识别，小功率的电阻一般都用色环来表示阻值和误差，常见的有四色环和五色环两种表示方法，如（表 1-2-2）列出的是，四色环电阻的色环含义；而（表 1-2-3）列出的是五色环电阻的色环含义。

表 1-2-2　四色环电阻的表示方法

| 色环颜色 | 第一条色环（第一有效位） | 第二条色环（第二有效位） | 第三条色环（乘以 10 的 N 次方） | 第四条色环（误差范围） |
|---|---|---|---|---|
| 黑 | 0 | 0 | $10^0$ | —— |
| 棕 | 1 | 1 | $10^1$ | —— |
| 红 | 2 | 2 | $10^2$ | —— |
| 橙 | 3 | 3 | $10^3$ | —— |
| 黄 | 4 | 4 | $10^4$ | —— |
| 绿 | 5 | 5 | $10^5$ | —— |
| 蓝 | 6 | 6 | $10^6$ | —— |
| 紫 | 7 | 7 | $10^7$ | —— |
| 灰 | 8 | 8 | $10^8$ | —— |
| 白 | 9 | 9 | $10^9$ | —— |
| 金 | —— | —— | —— | ±5% |
| 银 | —— | —— | —— | ±10% |

　　从表中可以看出，在四色环电阻中，前两条色环表示有效位，第三条色环表示乘以 10 的 N 次方（可以简单地把 N 当作 0 的个数），第四条色环表示误差范围，阻值的单位为 Ω（欧姆）。四色环电阻外形见图1-2-6。

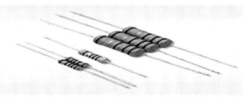

图 1-2-6（四色环电阻）　　　　图 1-2-7（五色环电阻）

　　举例来说，一只电阻，若其色环为"棕、黑、红、金"，那么对应（表1-2-2）四色环电阻表示法来看，前三条色环就分别为："1、0、00"，将其相连，阻值就为 1000，单位是 Ω，表示为 1000Ω。

　　他们的关系：1000Ω=1KΩ　　1000KΩ=1MΩ

　　那么上例中 1000Ω 的电阻，就被描述成 1K，1000K 的电阻就被描述成 1M（兆），而第四条色为金色，则该电阻值的误差范围是 ±5%。

表 1-2-3　五色环电阻的表示方法

| 色环颜色 | 第一道色环<br>(第一有效位) | 第二道色环<br>(第二有效位) | 第三道色环<br>(第三有效位) | 第四道色环<br>("0"的个数) | 第五道色环<br>(误差范围) |
|---|---|---|---|---|---|
| 黑 | 0 | 0 | 0 | $10^0$ | |
| 棕 | 1 | 1 | 1 | $10^1$ | ±1% |
| 红 | 2 | 2 | 2 | $10^2$ | ±2% |
| 橙 | 3 | 3 | 3 | $10^3$ | —— |
| 黄 | 4 | 4 | 4 | $10^4$ | —— |
| 绿 | 5 | 5 | 5 | $10^5$ | ±0.5% |
| 蓝 | 6 | 6 | 6 | $10^6$ | ±0.25% |
| 紫 | 7 | 7 | 7 | $10^7$ | ±0.1% |
| 灰 | 8 | 8 | 8 | $10^8$ | —— |
| 白 | 9 | 9 | 9 | $10^9$ | —— |
| 金 | —— | —— | —— | —— | |
| 银 | —— | —— | —— | —— | |

　　我们从表 1-2-2 和表 1-2-3 中可以看出，四色环和五色环电阻之间的区别，就是有效位数不同，四色环电阻的有效位是两位，五色环电阻的有效位是三位，所以五色环电阻的精度更高。五色环电阻的外形见图 1-2-7。

　　由于五色环电阻增加了一个有效位，因此，其表示阻值的方式就有所不同，同样拿上述那个 1K 电阻为例，五色环的 1K 电阻就为：棕、黑、黑、棕、棕，最后一位棕是表示精度为 ±1%。

　　由于小功率电阻体积小，色环标注密集，往往不易辨认，在有条件的情况下，使用电阻之前，最好能用万用表测量准确，再去使用为宜。

　　（2）电阻的串、并联

　　在电子制作中，手中已有的电阻阻值范围有限，常常难以满足制作的需要，如何解决这个问题呢？这时，就可以考虑用电阻的串联或并联方式，来得到自己需要的电阻阻值。

　　电阻串联的连接方法见图 1-2-8。

　　串联电阻阻值的计算公式：R 总 =R1+R2

　　电阻并联的连接方法见图 1-2-9。

并联电阻阻值的计算公式：R 总 =R1R2/R1+R2

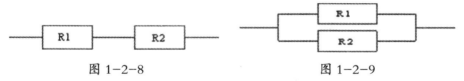

图 1-2-8                           图 1-2-9

根据电阻的这两个连接方法和计算公式，就可以采取将电阻串、并联的方式来得到需要的电阻值。

（3）电位器（可变电阻）

电位器与可变电阻有着相近的功能，电位器和可变电阻就是指电阻器的阻值，在一定范围内可以调整的电阻元件，它们的差别只是在结构上和外形尺寸上。可变电阻适宜在阻值固定后，基本就不再频繁调整的场合使用，而电位器则适宜于在经常需要调整的场合使用（如调节音量、光亮度等）。可变电阻的符号和实物见图 1-2-10，电位器的符号和实物见图 1-2-11。

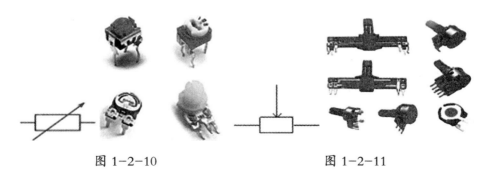

图 1-2-10                           图 1-2-11

电位器和可变电阻的标称值是其两个固定引脚之间的阻值，一般直接标识在其表面，常用 3 位数字来表示，前两位表示有效位，第三位是 10 的 N 次方，也可以用有效位后加几个 0 来表示，如 102 就表示 1000Ω，即 1KΩ，其他以此类推。

（4）光敏电阻

光敏电阻器是电阻的一种，由于它的制作材料不同，它的阻值是可以随光照强弱而变化，大多数光敏电阻在光线照射强度大的时候，电阻两端呈现的阻值就会变小，光线照射弱的时候，电阻值就会变大，而且这个变化量可以从数十欧姆，变化到数兆欧姆。

光敏电阻有两个引脚，没有正负极性区分，一般用符号 RG 或 MG 表示，光敏电阻的符号和实物见图 1-2-12。

图 1-2-12

光敏电阻的主要参数是亮电阻和暗电阻，亮电阻是在标准室温下和定量的光照下，测得的稳定的电阻值。暗电阻是在标准室温和全暗的条件下，测得的稳定的电阻值。一般而言，光敏电阻的暗电阻越大越好，亮电阻越小越好，这表明这样的光敏电阻灵敏度高。光敏电阻一般不标注阻值，如型号为：MG45 的光敏电阻，MG 表示为光敏电阻，4 表示可见光，5 表示外形尺寸和性能。

**4. 电容器** 电容器是电子电路中如同电阻一样使用广泛的重要元件，顾名思义，储存电荷是电容器的主要功能，储存电荷也就意味着一定的能量会被电容器储存，因此，电容器也就是一个储能元件。它的这个特性应用在电路中，就有着通交流，隔直流的重要意义，因此它对不同频率的交流信号，也会显示出不同的容抗大小。

电容器在电路中，还有一个重要特性：电容两端电压不能突变，它的这个特点也常常在电路中应用。

电容器一般有两个引脚（除可变电容是三个引脚外），电容器在电路中，常用字母 C 表示。

电容器的种类、规格非常多，按照制造材料来分，一般常用的有电解电容、瓷介电容、独石电容、涤纶电容、纸介电容等；按照电路连接方式区分，分为"有极性"和"无极性"电容两种。目前，除了电解电容是有极性电容外，其他品种的电容大多都是无极性的。瓷片电容就是无极性电容，无极性电容的两个引脚都是一样长的。其他还有很多根据使用场合、外形、参数等因素分类的电容器。

电容的标准单位是 F（法拉），$1F=10^6 \mu F$（微法）$=10^{12}pF$（皮法）。

下面对常用的瓷介电容（也叫瓷片电容）和电解电容为主介绍。

（1）瓷介电容器

瓷介电容也叫瓷片电容，一般采用三位数字表示其容量，其中前两位表示为有效数字，第三位表示"乘以10的N次方"，亦即在前两位数字后有几个0，单位为pF（皮法），有时也简化为称"P"，如："102=1000P""103=10000P"，还有更小容量的瓷片电容，就直接标注为20或39，单位为pF。在有些厂家生产的瓷片电容中，他们也会把1μF以下的小电容，标注为0.01μ（103P）、0.1μ（104P）。普通无极性电容器的符号和实物见图1-2-13。

图 1-2-13

瓷片电容和其他电容在工作时，都有耐压限制，必须工作在额定电压之下，并根据情况留有一定的余量，普通瓷片电容不标注耐压值的，一般耐压为50V以下，更高耐压的电容，就会在电容上标注耐压值。

（2）电解电容器

电解电容器与瓷介电容器符号相比，电解电容的符号上多了一个"+"，这表明该电容是有极性的，是要按照极性的标志使用和安装的，带"+"的一端是正极，另一端是负极。

有极性电容器的符号和实物见图1-2-14。

图 1-2-14

电解电容的容量，一般都比其他无极性电容的容量要大很多，电解电容的电容量一般从1微法（μF）至数千微法（μF）。

电解电容通常都是圆柱形的外观，有两个引脚，新的电解电容引脚是一长一短，长的是正极，短的是负极，同时，在负极一端的外壳上，还会印有"–"的标记，表明该引脚是负极。电解电容外壳上，都会标有电容容量和耐压值，如"47μ/25V""1000μ/50V"等，在使用时，要严格按照耐压范围使用，且最好留有 15%~20% 的余量。

电解电容在使用中，千万要注意，它的两个极性一定不能搞反，否则会引起电路故障，甚至，有电容爆裂的危险。

另外，在电解电容器的顶部，会有一个印记"+"，这是生产制作预留的防爆工艺印记，用以降低因电解电容在使用时，出现的过压、接反、老化等，造成的电解电容爆裂的破坏程度。

（3）电容的串联和并联

当现有手中的电容容量不能满足电路要求时，也可以采用将电容进行串并联的方式来达到目的。

电容的串联连接方式见图 1–2–15。

电容的串联容量 C 总 =C1C2/C1+C2

电容的并联连接方式见图 1–2–16。

电容的并联容量 C 总 =C1+C2

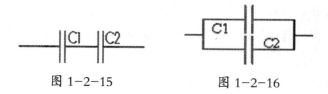

图 1–2–15　　　　　　　图 1–2–16

但值得注意的是，电解电容在并联时，也必须遵从同极性端与同极性端相连接的规则接入电路，否则，会造成故障。

电解电容串联时，有两种情况：（1）将不同极性端的电容首尾相连接时，串联后的电容，依然保持原来电解电容的极性特点，要按照电容上标注的极性接入电路，不得反接。（2）当相同极性端的电容相连接时，此时，串联后的电解电容失去原来电解电容的极性特点，成为无极性电容，可以任意接入电路。

### 5. 二极管

（1）普通二极管

二极管在电子电路中，是常用的基础元器件之一，它是由导电能力介于导体和绝缘体之间的物质制成的器件，这些物质包括硅、锗、硒等，故而也称为半导体二极管。半导体二极管是由两个不同类型的 P 型和 N 型半导体，根据一定的工艺相结合后，形成的一个 PN 结构成，因此，也可以把一个二极管称为一个 PN 结。PN 结的内部结构见图 1-2-17。

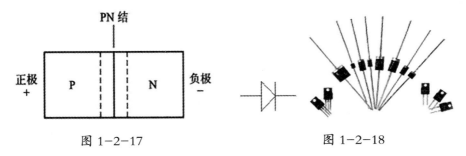

图 1-2-17　　　　　　　　　　图 1-2-18

二极管的最基本特性，就是单向导电。二极管根据用途、型号、参数、性能、外形等的不同，分为很多种类，但在我们的教程中，普通二极管主要用于整流、检波、续流、隔离等用途，所使用的二极管型号，也主要以 IN4001-4007 系列和 IN4148 系列为主。

普通二极管的主要参数是：正向导通电压（0.5V~0.7V），特殊的肖特基二极管为（0.1V~0.3V）、最大工作电流（如 IN4148 为 75mA）、最大反向峰值耐压（如 1N4007 为 1000V）。

大多数二极管有两个引脚（特别的有三个引脚），而且在二极管管身的一端，会印有不同于管身颜色的色环，表明该端引脚是二极管的负极，另一端是正极。

从符号上辨认二极管的正、负极，则二极管符号的三角形一面为正，代表电流流进的方向，另一边的竖线为负。二极管在电路中常用字母"D"来表示，二极管的符号和外形见图 1-2-18。

（2）发光二极管（LED）

发光二极管又简称 LED，它是二极管中的一种，发光二极管是利用了PN 结的光电转换效应，即：在经过特殊工艺处理的二极管的两端，加上适当电压时，二极管就会发出光亮来。以前，在发光二极管生产时，用不同颜色的材料来封装二极管管芯，LED 就会发出不同颜色的光。但新近出品的白色发光二极管，则不同，它与发光二极管的外观颜色无关，它用不同辅助材料制作的管芯可以发出不同颜色的光，因此，它是什么颜色，就需要通电测试后，才会知道。发光二极管的最大特点是省电，发光效率高、体积小。LED 的符号和实物见图 1-2-19。

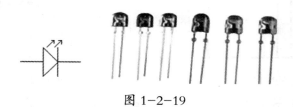

图 1-2-19

新型发光二极管的导通电压与普通二极管不同，它会因为发光颜色的不同，而导通电压也不同，如 Φ5mm 直径的红色 LED 一般在 1.8V~2.1V 之间，绿色的 LED 在 2.0V~2.2V 之间，白色的最大在 3.0V~3.6V 之间。LED 的工作电流也是各不相同，同一个发光管，在额定工作电流范围内，电流大则亮度高，反之则较暗，一般小型发光管的工作电流在 2mA~20mA 之间，过大则会影响使用寿命。

发光二极管的外形有很多种，但常见的是圆柱形和长方型的，圆柱形的直径有 Φ3mm、Φ5mm 等多种规格，可以根据需要选用。

发光二极管与普通二极管一样，也是分有正负极的，发光二极管的符号，见图 1-2-19 左图。一般发光二极管有两个引脚，其中长引脚的是正极，短引脚的是负极。另外，很多发光二极管的管身外圆上，有一小段圆缺，该圆缺所在位置的引脚即为负极。

**6. 三极管**  半导体三极管简称为三极管或晶体管，在电子电路中，三极管的作用非常大，可以说，在绝大多数的电子电路中，都会有三极管的存在，而且在电子电路中的很多元器件也都是为三极管服务的。三极管的外形和符号见图1-2-20。

图 1-2-20

（1）三极管的内部构成三极管的内部是由两个PN结组成，外部有三根引脚，分别为基极（用字母b表示）、发射极（用字母e表示）、集电极（用字母c表示）。在多数应用中，基极是控制引脚，基极可以用很小的电流来控制发射极和集电极电流的大小，他们之间的控制电流大小之比，可以从几十倍到几百倍，因此在实际应用中，就利用三极管的这个放大原理来组成放大器，用以放大各种信号。不过三极管的作用不仅是放大，它还可以组成开关、振荡等各种电子电路。

三极管按照导电极性，分为PNP型和NPN型两类，PNP型三极管和NPN型三极管内部示意图见图1-2-21。

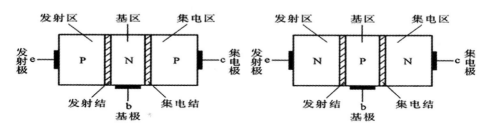

图 1-2-21

由于NPN型三极管和PNP型三极管的内部结构不同，使用起来对电源极性的要求不一样，所以，NPN三极管和PNP三极管的符号是不同的，从三极管的符号可以看出，每个三极管的发射极都标有小箭头，箭头的指示方向，标志着发射极的电流方向，用于区别NPN还是PNP型三极管，NPN型三极管发射极箭头指向外部，PNP型三极管发射极箭头指向内部。需要注意的是，在使用中，要学会区分这两种类型的三极管，他们一般是不能互换的，否则会造成电路不工作或三极管的损坏。

PNP 型三极管和 NPN 型三极管的电流方向和电流之间的关系，分别如图 1-2-22 和图 1-2-23 所示，三极管各极的电流分配和关系分别是：基极电流 Ib，发射极电流 Ie，集电极电流 Ic。

发射极电流 Ie= 集电极电流 Ic+ 基极电流 Ib

集电极电流 Ic= 基极电流 Ib× 三极管放大倍数 β，Ie=Ib+Ic，Ic=Ib×β

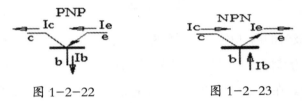

图 1-2-22          图 1-2-23

从三极管电流分配公式可以看出，集电极电流 Ic 是基极电流 Ib 的 β 倍。在 Ib、Ic、Ie 这三个三极管的引脚中，Ie 的电流最大，Ic 次之，Ib 最小，Ie 跟 Ic 非常接近，故而常将 Ib 忽略不计，则此时 Ie ≈ Ic。三极管的放大作用，就是将 Ib 的很小输入，转化为 Ic 和 Ie 的 β 倍电流变化（一般三极管的 β 值都在 50~300 之间）。

（2）三极管的工作状态

三极管的输入特性曲线，见图 1-2-24 三极管的输出特性曲线，见图 1-2-25。

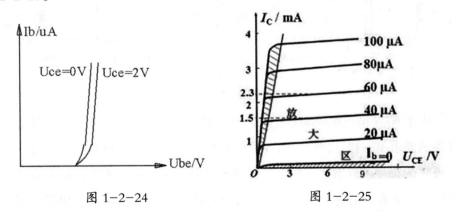

图 1-2-24          图 1-2-25

（a）放大状态：三极管的基极电流 Ib，可以按比例、有效地控制集电极电流 Ic 的变化；Ib 的微小电流变化，可以引起集电极电流 Ic 按照

Ic=Ib×β 倍的大幅度变化，集电极和发射极之间的内阻，完全受基极电流 Ib 的控制。电流放大倍数 β 值的大小基本不变，当有一个基极电流变化出现时，就会有一个相对应的集电极电流产生，这就是三极管工作在放大状态的特征。

（b）截止状态：Ib=0 或者非常小，同时，Ic 和 Ie 也基本为 0，或非常小，集电极与发射极之间呈现的内阻很大，三极管这时就处于截止状态。此时，若把三极管的 c-e 结比作一个开关，那么，这个开关中间就没有电流流过，相当于三极管的 c-e 之间没有联系，开关处于断开状态。

（c）饱和状态：虽然三极管的 b 极电流可以控制另外两极的电流大小，但也不是无条件的。若三极管在放大状态的基础上，继续将基极电流 Ib 增大很多，三极管就会逐渐进入饱和状态。三极管处于饱和状态的特征，是：基极电流 Ib 的增长，不再与发射极电流 Ie 和集电极电流 Ic 相对应，Ib 失去了对 Ic 和 Ie 的控制能力，集电极与发射极之间的内阻很小，流过三极管 c-e 之间的电流 Ic 和 Ie 都不再受控于 Ib 的变化，三极管的 β 值已经失效，此时，说明三极管已经进入了饱和状态。

若把三极管的 c-e 结比作一个开关，那么，这个开关中间就有电流流过，但此时的 Ic 和 Ie 与三极管的 b 极电流 Ib 的大小没有关系，只跟加在三极管 C 极上的电压和负载的大小有关，故此时开关相当于处于闭合状态。

在实际应用中，人们也常常把三极管在放大时的工作状态，称为模拟状态，而把工作在截止和饱和时的状态，称为开关状态，并将三极管在截止状态输出的电压，称为 1 或高；把三极管在饱和状态输出的电压，称为：0 或低状态。

（3）常用三极管参数表

三极管因其适用范围、特点、生产国别、命名方法等原因，使得其型号、种类繁多，可多达上万种。特别是，各个国家的三极管命名方法不同，虽然，中国有自己的三极管生产和命名方法，但随着国外性能更好、价格更低的电子产品的输入，使用国产三极管的情形越来越少，而使用国外三极管和电子产品的却越来越多，故常见的各种电子元器件的型号，大多都是以国外的方式命名，如在制作中经常使用的小功率三极管："9012""9013"系列和"8050""8550"系列等都是以国外的命名方式命名的。此处介绍的相关产品型号等，也都是参照国外产品的系列产品。

三极管因使用场合不同，参数也不同，在本教程的制作实践中，主要以最大集电极耗散功率 $P_{CM}$、集电极最大电流 $I_{CM}$、反向击穿电压 $V_{CE0}$、特征频率 fT/MHz 为考虑参数来选用三极管。

表 1-2-4　常用小功率三极管参数表

| 型号 | 极性 | 集电极最大耗散功率 Pcm/mW | 集电极最大电流 Icm/mA | 反向击穿电压 Vceo/V | 特征频率 ft/MHz | 用途 |
|------|------|------|------|------|------|------|
| 9011 | NPN | 400 | 30 | 30 | 150 | 通用 |
| 9012 | PNP | 620 | 500 | 25 | — | 低频放大 |
| 9013 | NPN | 620 | 500 | 25 | — | 低频放大 |
| 9014 | NPN | 450 | 100 | 45 | 150 | 低噪放大 |
| 9015 | PNP | 450 | 100 | 45 | 150 | 低噪放大 |
| 9016 | NPN | 400 | 25 | 30 | 300 | 高频放大 |
| 9018 | NPN | 400 | 50 | 30 | 1000 | 高频放大 |
| 8050 | NPN | 1000 | 1500 | 25 | 100 | 功率放大 |
| 8550 | PNP | 1000 | 1500 | 25 | 100 | 功率放大 |

实际应用中，三极管在许多情况下是可以互换的，但是有一些基本原则是不能违背的，需要注意的主要方面，有：①导电极性必须相同，如：NPN 型三极管，不能替换 PNP 型三极管，反之也不可。②大功率可以替换小功率、大电流可以替换小电流、高频率可以替换低频率、高电压可以替换低电压，反之则不行。③在替换时，要综合考虑每项参数，不能只满足单项参数。

**7. 继电器** 继电器的组成：继电器一般是由铁芯、线圈、衔铁、触点簧片等组成的。当继电器的线圈接通电源后，会产生电磁效应，电磁力就会吸引衔铁，带动衔铁的触点吸合或断开；当供给线圈的电流切断后，电磁的吸力也就没有了，衔铁就又返回到原来的位置，并将触点从接通后的状态下断开，回到原来的状态下。小型继电器的符号和外形见图 1-2-26。

图 1-2-26

根据继电器线圈的构成方法，一般分为交流和直流继电器两种。在电子制作中，一般都使用的是小型和微型直流继电器，工作电压从几伏至几十伏不等，可以根据需要来选择。同时，继电器的触点也有单触点和多触点、常开和常闭之分，也要根据需要来选择。

继电器的类型、型号非常多，在电子制作时，常用的就是直流电磁继电器。由于继电器是将电磁信号转换成机械动作后，来实现控制的，因此在电路上，控制电路与被控制电路可以是彼此完全隔离的状态。这样，就可以通过继电器来实现：直流对交流、交流对直流、小信号对大信号等一系列电路的控制。

由于可以采用小信号来控制大电流，使得继电器也相当于有了放大的功能。就是说，只需用一个很微小的电流来驱动继电器，通过继电器就可以实现控制大功率电路的目的。

**8. 集成电路音乐片**　集成电路音乐片（简称：音乐片）的核心元件是由一片有 ROM 记忆功能的音乐集成电路构成。ROM 是英文缩写词，中文意思是只读存储器，也就是说存储器内容已经固定，只能把内容"读"出来。音乐片内储什么音乐，完全由制作 ROM 时决定的。

音乐片实际上是一种大规模 CMOS（互补对称金属氧化物半导体集成电路的英文缩写）电路，它内部线路非常复杂，这里不作专门介绍。音乐片有很多型号和音乐内容（有的录制的是语音），其使用方法各有不同，并且分有单曲和多曲内容，但基本的工作原理都是相同的。多曲的音乐片可以通过拨动开关位置，来选取发声的音乐内容，通过扬声器而发出声音，而单曲的音乐片就不需要选择。

音乐片的使用很简单，一般只需要将外接连线焊接好，加装一个扬声器和电源即可工作。个别特殊的还要焊接电阻和加装三极管放大。

音乐片的应用也很广泛，可以用作报警、门铃、欢迎曲、提示音等许多场合，也可以当作信号源与其他装置共同使用。一般音乐片的外形见图1-2-27。

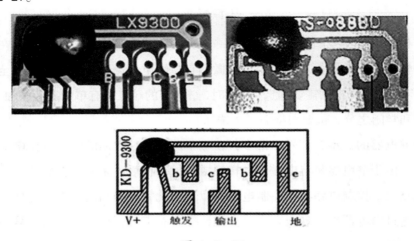

图 1-2-27

**9. 驻极体话筒**  驻极体话筒是一个将声音变成电信号的器件，它具有体积小、结构简单、电声性能好、价格低的特点，广泛用于盒式录音机、无线话筒及声控等电路中，属于最常用的电容话筒之一。同时，驻极体话筒不仅是一个声电转换器，它的内部还装有场效应三极管作为放大和阻抗变换之用，为此，驻极体话筒在工作时，还需要提供直流工作电压。

驻极体话筒的外观见图1-2-28，一般根据它的输出引脚数量区分，分为二脚和三脚驻极体话筒，最常见的是二脚输出的驻极体话筒。但需要注意的是，由于二脚和三脚的内部连接方式不同，所以，他们之间一般不能直接互换；而二脚和二脚，以及三脚和三脚之间是可以直接互换的。

驻极体话筒在使用中，需要仔细观察它的外观，在二脚驻极体话筒根部的输出位置，其中一个引脚是有几条铜箔与外壳相连的，这个引脚就是话筒的负极，另一个就是正极。使用时，需要将话筒的正极接高电位，并且声电转换后的信号还将从此脚送出。若在使用中，不慎将引脚接错，信号就不会被送出，当然也不会发声了。

　　驻极体话筒符号，见图 1-2-29，驻极体话筒的典型应用见图 1-2-30。

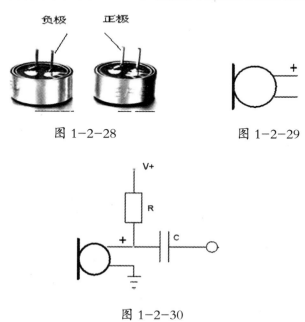

图 1-2-28　　　　　　　　　　图 1-2-29

图 1-2-30

# 第三节
# 常用工具介绍

## 一、电子制作常用工具表

表 1-3-1　电子制作常用工具表

| 序号 | 名称 | 规格 | 数量 | 备注 |
|---|---|---|---|---|
| 1 | 电烙铁 | 30W | 1 | 内热 |
| 2 | 万用表 | 数字式 | 1 | UT33D 或其他 |
| 3 | 镊子 | 弯、直 | 各 1 把 | |
| 4 | 尖嘴钳 | 小型 | 1 把 | |
| 5 | 斜口钳 | 小型 | 1 把 | |
| 6 | 护目镜 | | 1 个 | 戴近视镜者不用 |
| 7 | 焊锡丝 | Φ0、8mm | 1 米 | |
| 8 | 烙铁架 | | 1 个 | |
| 9 | 松香 | | 1 盒 | |
| 10 | 吸锡器 | 小型 | 1 把 | |
| 11 | 螺丝刀 | 小型十字 一字 | 各 1 把 | |

## 二、电烙铁的选用和使用

**1. 电烙铁的选用**　电烙铁在电子制作中的应用是很多的，因此，正确选用和使用电烙铁也是很重要的一个事项。一般电烙铁按照加热方法，分为内热式和外热式，由于内热式电烙铁有加热快、体积小、等优点，所以，内热式电烙铁就在电子制作中，被广泛使用。常见的内热式电烙铁功率分为 20W~45W 不等，内热式电烙铁和烙铁架的外形和实物见图 1-3-1。

图 1-3-1                    图 1-3-2

一般而言，在焊接对象的散热面积较小的场合，适合采用小功率电烙铁，因为过高的功率，容易造成元器件和线路板的损坏；但如果电烙铁功率太小，温度偏低，焊锡的流动性差，焊接质量就难以保证。

有的电烙铁为了延长使用寿命，还设置了保温档和加热档，电烙铁在使用的时候，放置在加热档，可以维持较高的温度；而暂时不使用的时候，放置在保温档，即可以节能，又可以延长电烙铁寿命。现在，为了满足不同的焊接需要，还有更高级的恒温电烙铁，它通过一个控制台，可以在一定范围内对温度进行调节和选择，并实现对电烙铁温度的控制，但这种电烙铁价格较高。温控电烙铁的外形和实物见图 1-3-2。

总之，对于我们以电子制作活动为主的需求而言，一般采用 25~35W 内热式电烙铁为宜，大家可根据实际情况选购。

**2. 正确使用电烙铁焊接电路板**

（1）焊接前，应将元件的引线截去多余部分后挂锡。若元件表面被氧化不易挂锡，可以使用细砂纸或小刀将引线表面清理干净，用烙铁头沾适量松香芯焊锡给引线挂锡。每根引线的挂锡时间不宜太长，一般以 2~3 秒为宜，以免烫坏元件内部。另外，各种元件的引脚不要截得太短，否则既不利于散热，又不便于焊接。

（2）焊接时，把待焊元件引线置于焊盘位置，一手拿焊锡丝，一手拿电烙铁，然后，将电烙铁头伸向焊盘和元件引线一侧，紧接着，立即（几乎同时）用焊锡丝去接触烙铁头和引线的夹角处。当焊锡熔化后，略停 1

秒左右，再迅速将焊锡丝和电烙铁撤走。但电烙铁不应直接往后拿走，而应用手腕的动作，将烙铁头尖，沿着元件引线向上的方向，迅速挑起。待电烙铁移走后，焊接处应留下一个光洁、并略向下凹的焊点。焊接的方法见图1-3-3。

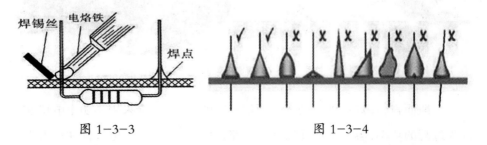

图 1-3-3　　　　　　　　　　　图 1-3-4

（3）正确焊接的焊点，应呈双曲线形，不应该太鼓或者太扁，外表应均匀，没有气孔或凹陷，否则易造成虚焊。焊接后的焊点情况见图1-3-4。

（4）在电子制作中，使用电烙铁焊接的项目有很多，所以，掌握好正确的焊接方法是很有必要的。在初学阶段，大家可以先选择一些废弃不用的电路板，进行拆焊练习，在逐步掌握了焊接的基本技巧和方法后，再开始制作项目的焊接为宜。

## 三、吸锡器的使用

由于在使用电烙铁和焊锡焊接的时候，有时会在焊盘上留下过多的焊锡，容易导致电路短路，这时，采用吸锡器将多余的焊锡吸走，就能很有效地解决这个问题。

图 1-3-5

吸锡器是根据"活塞在密封的空管中运动，会产生负压"的原理制作，在电子制作中使用吸锡器，是为了将在电路板焊接时，所产生的多余焊锡清除，以避免短路和虚焊的情况发生。吸锡器一般分为手动和电动两种，我们这里介绍的是常见的手动吸锡器以及它的使用方法，而一般手动吸锡器的使用示例图见图 1-3-5 右图。

吸锡器的使用方法很简单，首先，操作者先将电烙铁拿在一手中，再用另一只手握住吸锡器，然后，用电烙铁给选定处加热，与此同时，将吸锡器移至电烙铁和焊锡的一侧，待焊锡熔化后 1~2 秒钟，迅速用手指按动吸锡器卡扣，这时，吸锡器动作，多余的焊锡就被立即吸除。此方法也可用在从电路板上拆除各种元器件时。

## 四、万用表的功能和使用

万用表是电子制作中不可或缺的仪表，在制作过程中，作为检测元器件和线路的测试之用，用以测试元器件好坏、电路通断、电压高低、电流大小、阻值参数等，是一个非常重要的测试工具（参照万用表型号为 UT33D）见图 1-3-6。

图 1-3-6

使用前，首先要把两只（红、黑）表笔正确地插进万用表上相应的孔内，即：将黑表笔插进标有 COM 的插孔中，再将红表笔插进标有 VΩmA 的插孔中（另一个标有 10Amax 的插孔，在制作中使用不到）。注意，切不可插错，否则不能正常测试，还会导致线路故障。

**1. 电阻测量** 将万用表置于电阻 Ω 档位置，然后，用一种较为简便的方法，根据电阻色环，读出电阻阻值，再选择大于并最接近读出电阻数值的档位测量。如色环读数为 13K，就应该选择万用表的 20K 档位来测量（档位大了读数不精确，档位小了不能读出数值）。

然后，用两只表笔搭接在电阻的两端进行测量，再从液晶屏上看出读数即可。若不能预估阻值，则可以从高档位开始量起，然后根据读数，选择最接近、最精确的档位测量。

需要注意的是，在测量电阻时，可以用一只手将表笔的一端和电阻引脚的一端捏在一起，而另一端用表笔搭接，不能同时用两只手去接触，否则会影响测量的准确性，尤其是在测量阻值较大的电阻时（因为人体也有电阻）。

**2. 二、三极管测量** 将万用表档位选择在二极管⊶档，红表笔接二极管的正极，黑表笔接在二极管的负极，此时，液晶屏上将显示 270~800 左右的数值，然后将红、黑表笔对调测量，这时，液晶屏应该显示 1，表明无穷大，这样的测量结果证明该二极管是完好的。若两次测量结果都一样或都为 000，亦或两个数值均很小，则说明该二极管已经击穿损坏了，若两次测量都是 1，就说明二极管内部是开路损坏了。

因三极管的内部是两个 PN 结的结构，故也可以用此方法来判定三极管的好坏。对于 NPN 型三极管，将红表笔接三极管的 b，黑表笔分别与 c 和 e 相接，两次测量结果均与二极管正向测量结果一致，如显示 270~800 左右的数值。然后，再将黑表笔接三极管 b，红表笔分别与 c 和 e 相接两次结果均与二极管反向测量结果相同，液晶屏显示 1，表明无穷大。则证明该 NPN 三极管是完好的。

对于 PNP 三极管的测量，除了将万用表黑表笔接三极管 b 极外，则可以参照 NPN 三极管的测量方法，只要是每个 PN 结的正反向测量结果不同，则基本可以证明这个 PNP 三极管是完好的。

**3. 通断测量** 将万用表选择在二极管⊶档，这时万用表可以用来测试导线的通断，以及线路电阻 < 10Ω 左右的线路通断。测试方法：

任意将两只表笔搭接在所测导线或线路的两端后，此时，若万用表出现鸣笛声，则表示此段导线或线路电阻很小处于连通状态，反之则表示线路已断开或线路电阻值偏大（有些表没有鸣笛，则只能观看液晶屏显示结果）。

**4. 直流电压 V‒ 测量** 根据自己估算，将万用表选择在接近估算值的直流电压档 V‒ 中的某一档，如一节电池为 1.5V，则选择在直流电压 2000mV（2V）档，红表笔接电池正极，黑表笔接负极，所测电压即为电池电压。若表笔反接，则显示屏上显示的电压值，会有一个"‒"号，也可依此判别电压的正负极性。

若事先无法估算所测电压值，则先选择直流电压最高档位测量，然后再逐渐降档测试，得到最准确的数值。

**5. 直流电流 A‒ 测试** 直流电流测试，不同于电压、电阻、二极管等测试方法，直流电流测试是将万用表串接在所测电路中进行的测试，在测量 < 200mA 的直流电流时，可先将万用表选择在直流电流档 A‒ 最大档 200mA，再将两只表笔任意接入被测电路中，根据显示数值来调整合适的档位，以达到准确测量的目的。此时，若液晶显示为正值，表明被测电流是从红表笔流向黑表笔，若为负值，则反之。但要注意，若所测电流超过测试档的最大电流 200mA 限制，则可能损坏万用表元件。

**6. 直流 A‒ 大电流测试** 若所测直流电流超过 200mA，就需要使用大电流测试档 10Amax。测试时，将档位开关置于直流电流档 A‒ 中的 10 位，红表笔改插到 10Amax 孔中，黑表笔不动，然后将红黑表笔串接入被测电路中进行测量。需要注意的是，因为被测电流较大，测量时表笔与线路接点要搭接紧密，防止接点出现打火现象。测量结束后，即将红表笔恢复插入 VΩmA 孔中，以防下次误用。

**7. 交流电压 V~ 测量** 将万用表档位置于交流电压档 V~，选择高档位 500 准备测量，先将红、黑表笔任意分别与被测电压点相接（交流电没有极性之别），在液晶屏上直接读出数值即可。注意，不建议学生用万用表测量高于 36V 或 220V 的交流市电，以防危险发生。

### 五、示波器的功能和使用

示波器在青少年电子制作项目中，不是必备设备，但对于电子制作的活动组织机构而言，能够使用示波器来做教学和调试工作，这对学生学习和理解项目内容会有很大帮助。因此，此处仅将示波器的一些简单应用做一介绍，以供实践活动之需，示波器外形和显示波形见图1-3-7。

示波器按处理信号方式的不同可分为数字示波器和模拟示波器；按结构和性能不同可分为普通示波器、多用示波器、多线示波器、多综示波器、取样示波器、记忆示波器、数字示波器.虽然示波器种类多种多样，但其使用方法却大同小异，下面把常用的几个功能做一简单介绍（参考S8-8双踪示波器）。

**1. 示波器的面板功能** 示波器是在电子制作中，用以检测电子电路性能，发现故障的一项重要而直观的工具，对深入了解电路原理和功能，有着重要的辅助作用。虽然，示波器面板上各种旋钮很多，但真正了解和认识了，操作起来也很方便。它主要包括：

（1）显示部分

显示部分包括电源开关、电源指示灯、辉度（调整光点亮度）、聚焦（调整光点或波形清晰度）、辅助聚焦（配合聚焦旋钮调节清晰度）、标尺亮度（调节坐标片上刻度线亮度）、寻迹（当按键向下按时，使偏离荧光屏的光点回到显示区域，从而寻到光点位置）和标准信号输出（校准信号由此引出，加到Y轴输入端，用以校准Y轴输入灵敏度和X轴扫描速度）。

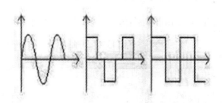

图1-3-7

（2）垂直（Y轴）部分

垂直（Y轴）部分包括显示方式选择开关（用以转换两个Y轴前置放大器YA与YB工作状态）、DC–地–ACY轴输入选择开关（用以选择被测信号接至输入端的耦合方式）、微调V/div灵敏度选择开关及微调装置、↑↓Y轴位移电位器（用以调节波形的垂直位置）、极性、拉YAYA通道的极性转换按拉式开关、内触发、拉YB触发源选择开关和Y轴输入插座。

（3）水平（X轴）部分

水平（X轴）部分包括t/div扫描速度选择开关及微调旋钮、扩展、拉×10扫描速度扩展装置、→←X轴位置调节旋钮、外触发、X外接插座、触发电平旋钮、稳定性触发稳定性微调旋钮（用以改变扫描电路的工作状态）、内、外触发源选择开关、AC–AC（H）–DC触发耦合方式开关、高频–常态–自动触发方式开关和"+、–"触发极性开关。

**2. 示波器的使用**　下面具体讲解使用示波器观察电信号波形的具体步骤。

步骤一、选择Y轴耦合方式：根据被测电信号频率，将Y轴输入耦合方式选择AC–地–DC开关置于AC或DC。

步骤二、选择Y轴灵敏度：根据被测电信号的峰峰值，将Y轴灵敏度选择V/div开关置于适当档级（在实际使用过程中，若无需读取被测电压值，则只需适当调节Y轴灵敏度微调旋钮，使得屏幕上显示所需高度波形即可）。

步骤三、选择触发信号来源与极性：通常将触发信号极性开关置于"+"或"–"档位上。

步骤四、选择扫描速度：根据被测信号周期，将将X轴扫描速度t/div开关置于适当档级（在实际使用过程中，若无需读取被测时间值，则只需适当调节扫描速度t/div微调旋钮，使得屏幕上显示所需周期数波形即可）。

步骤五、输入被测信号：被测信号由探头衰减后通过Y轴输入端输入示波器。

由于各种示波器的品牌众多，在实际使用过程中，可能会与上述介绍有所不同，但基本的原理和操作方法是相同的，只要在实践中多加体会，就能使示波器成为电子制作活动中的重要工具。

# 第二章
## 乐趣开始篇

# 第一节
# 本章概述

　　本章以初学电子制作者为对象，采用教与学的方式，将在学习和实践中所涉及的电子电路及其组成、原理、功能做出介绍，再以深入浅出、边动手、边学习、边思考的形式，来帮助学生巩固电子基础知识和电路知识。

　　本章主要通过学生的不断动手实践，来增强其对电子元器件和基础电路的认识，以达到认识和了解电子电路中，主要元器件的功能、参数、使用方法，掌握常用的分立元器件、集成电路和简单电路的测试方法。

　　在本章中，每一项动手实践的电路项目，都有电路原理的内容介绍，其主要内容包括电路组成、原理和功能，有了这些内容介绍，就会对学生学习和了解电路的工作原理和测试方法，提供非常有效的帮助。

　　为了帮助大家动手实践，还在每一个动手实践项目中，加入了实践步骤的内容，将动手实践时的每一个步骤，都做了详细介绍，帮助学生正确安装、调试电子制作项目。同时，本教程还在动手实践的内容中，加入了发散思考与练习提高的内容，以帮助学生根据电路图和工作原理。在充分理解和掌握已经学到的电路知识的前提下，在正确完成安装、搭建、焊接和测试的各个实践项目的同时，用发散思考和动手实践的方法，运用合理的想象和正确的逻辑推理之后，提出自己独特的想法，这样就可以培养学生的"举一反三"和"灵活运用"的能力。

　　在实际操作的过程中，经常要用电子元器件在面包板上进行各种实验，但面包板一般适宜于在使用电路元器件少、线路简单、电流和功率都不大的条件下使用，对于复杂电路和电路电流较大的实验，可以采用焊接的形式，在印制板上做实验，以保证实验的稳定性和正常功能的实现。不过，在本教程中绝大部分电子制作项目都属于简单电路和小电流的情形，大家可以根据教程安排来选择使用实验板。

除此而外，为了增加电子制作的趣味性和实用性，同时增加学生的成就感，教程中还将一部分实验电路项目，直接采用成型定制的定制印制板制作，舍弃了在实验板上做实验的过程，使学生在学习的过程中，更直接体会到电子科技在日常生活中的应用，享受亲手制作的过程，体会科技制作的成就感。同时，也通过定制的电子制作项目，帮助学生学习电子元器件在线路板上的整体布局，和每个元器件应该放置的合理位置，以及如何实现美观、简洁的效果，帮助学生提高整体布局意识。

本章的重点是要学会使用各种工具，认识和了解常用电子元器件的功能、外形、符号和它们的测试方法，学会用万用表测试电路的电压、电流和工作状态，掌握排除简单电路故障的方法，为下一步的深入学习打下良好的基础。

本教程根据实验项目的需要，都在每个项目的标题后，标注了□和☆来做实验的"母板"供学生选用，大家可以根据自己的需要，灵活选择使用面包板或定制印制板来进行实验。

□表示适宜于采用面包板做实验母板和制作母板。

☆表示适宜于采用定制印制板进行电子制作。

# 第二节
# 分立元件电路制作实践

**例一　点亮发光二极管实验（单向导电实验）（□）**

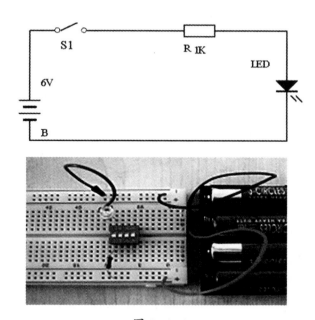

图 2-1-1

　　※ **电路原理：**这是一个用以观察和了解二极管单向导电的简单电路，电路原理和实验板图见图 2-1-1。

　　电路的工作原理：电路由电源 B、开关 S、电阻 R1 和发光二极管 LED

组成。在电源开关 S 闭合后，电源"+"端经过开关 S 和电阻 R1 加在发光二极管 LED 的"+"端，由于加在 LED"+"端的电压高于 LED 的"–"端电压，根据二极管单向导电的原理，故此时电路就会有电流流过，同时 LED 就会导通，发光二极管 LED 就被点亮发光。

电路的工作过程：电流从电源 B 的"+"端开始，通过开关 S、电阻 R 和发光管 LED 流入电源 B 的"–"端，形成电流回路，从而发光二极管 LED 有电流流过并被点亮。

**※ 实践步骤：**

（1）本例适宜在实验面包板上进行实验。

（2）根据电路图的要求，选取所需元器件装入一个小盒中，然后，在面包板上的适当位置，根据电路图依次将选好的电阻、发光二极管、开关在面包板上安放。

（3）一般而言，在面包板上安放电子元器件的流程遵循"核心元件优先"的原则，即先从安装主要的元器件开始，然后再根据电路图将相关的元器件逐渐安装到位，最后连接电源。

（4）当元器件和连接线安装完毕，然后将电池装入电池盒中，经过检查并确认安装无误后，就可以接通电源，开始测试电路了。

（5）启动电源，然后，在用手反复按下和松开电源开关 S 的同时，观察发光二极管 LED 能否被点亮和熄灭。

（6）测试二极管的单向导电特性：将发光二极管 LED 的"+"和"–"的方向颠倒后，再把 LED 接入电路中，接着，闭合电源开关 S，继续观察发光二极管 LED 的变化（此时，发光二极管 LED 应该不导通，故而不会发光）。

**※ 发散思考与练习提高：**

（1）若要将发光二极管的亮度增大，需要怎么做？

（2）电阻 R 的作用是什么？可否去掉？

（3）根据欧姆定律计算本电路的电流应为多大？实测电流多大？

（4）将自己测量电路后的各点电压标注在图上。

（5）将电阻 R 更换为 1K 和 5.1K，观察发光管的变化，并说出原因。

## 例二  电容充放电显示电路实验（□）

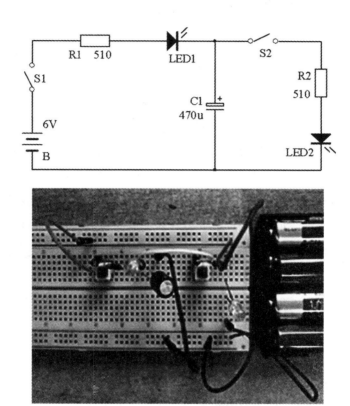

图 2-2-1

※ **电路原理：**这是一个能够显示电容充电和放电过程的充放电显示电路，电路原理图和安装实验图见图 2-2-1。

本电路分为前、后两个部分，前半部分由电源 B、开关 S1、电阻 R1、发光管 LED1 和电解电容 C1 组成充电电路，电路的充电状态，由发光二极管 LED1 的光亮程度变化来显示。

电路的后半部分由电容 C1、开关 S2、电阻 R2、发光管 LED2 组成放电电路，电路的放电状态，由发光二极管 LED2 的光亮程度变化来显示。

电路的工作过程：当 S1 闭合时，电源 B 的"+"端通过开关 S1、电阻 R1 和发光管 LED1 向电容 C1 充电，在接通电源瞬间，由于 C1 中没有电荷存在，故其两端电压为零，容抗最小，所以，这时通过发光二极管 LED1 的电流最大，因而，发光管也最亮。

但随着充电时间的延长，充电电流就会逐渐减小，C1 两端的电压也会不断地升高，直至电容 C1 的两端电压 VC1 与电源 B 的电压相接近时，电源 B 对电容 C1 的充电就停止了，发光管 LED1 也不再发光。

当电容 C1 充电完成后，C1 两端的电压就接近了电源 B 的电压。这时，我们将 S1 断开（使电源 B 不再发挥作用），闭合开关 S2，发光管 LED2 就开始发光，电流从电容 C1 的"+"端，通过开关 S2、R2、LED2 流向电容 C1 的"−"端，从而形成电流回路。此时电容 C1 起着电源 B 的作用。

在放电回路中，随着电容 C1 内部存储的电荷不断减少，其两端的电压会呈指数曲线逐渐降低，LED2 的光亮度也会随之渐暗，直到最后熄灭。电容 C1 的容量和限流电阻 R2 的数值大小，决定了放电时间的长短，它们的数值越大，放电时间就越长，LED2 点亮的时间就越长。

从以上的实验可以看出，电阻 R1 和 R2 与电容 C1 对充放电时间的影响都是呈正比关系的，即：电容和电阻的数值越大，充放电的时间就越长。

充放电时间常数，用公式来表示：t=RC

t 表示时间常数，R 表示电阻数值，C 表示电容数值，电阻 R 的单位为 $\Omega$，电容的单位是 F，t 的单位是 S。

**※ 实践步骤：**

（1）本例适宜在实验面包板上进行实验。

（2）按照电路图的标识，将所需电子元器件备好，然后，测试和确认实验用面包板的内部连接关系，以免出现安装错误。

（3）按照核心元件为中心的原则（也可以按照电路图的顺序，从左至右或从右至左），首先将本电路的核心元件电容 C1 的管脚，放置在两个互不相连的孔洞中。然后，根据电路图的指示，在适当的位置放置其它元器件，再用连接跳线，将各元器件连接起来，最后连接电源。

（4）充电显示：经过检查并确认安装、连接无误后，就可以接通电源，开始测试了。先分别将开关 S1 和 S2 置于断开状态。然后，再将万用表置于 V– 档，用黑表笔接地"–"端，红表笔接在电容 C1 的"+"端后，闭合开关 S1，这样可以就观看发光管 LED1 在充电时由亮到暗的全过程，和电容 C1 两端的电压值变化情况。

（5）放电显示：在充电时 LED1 由亮到暗的过程结束后，就意味着电容 C1 两端的电压已达到电源电压值，这时，将开关 S1 断开，而将 S2 闭合，此时，电容 C1 就开始了放电过程，C1 中的电流通过电阻 R2 和发光管 LED2，并将其点亮后，再回到 C1，形成回路。由于 C1 的电容量有限，随着时间的变化，放电电流也逐渐减少，直至发光管 LED2 变暗为止，C1 就完成了放电的过程。通过万用表的显示，也可以看出电容 C1 两端的电压变化情况。

（6）本例安装需要注意的是，在连接元器件时，注意不要把电容和发光管的极性搞反。

**※ 发散思考与练习提高：**

（1）将电容 C1=470μ 的容量，更换为 1000μ 后，再来分别测试和观看电容 C1 的数值增大和减小时，万用表显示的电容 C1 两端的电压变化和发光管 LED1 和 LED2 的亮度变化情况，并总结出电容量增大和减小时，对充、放电时间的影响情况。

（2）将电阻 R1、R2=510 的阻值，更换为 1K 后，再来重复上述的实验，并总结出电阻变化对充放电时间和发光二极管亮度的影响。

（3）默画电容充放电显示电路图。

（4）在 S1 闭合，发光管 LED1 熄灭后，S2 断开的情况下，用万用表测试 LED1 两端的电压值，并将测量后的电压值，标注在自己默画的电路图的相应位置上。

## 例三　光电控制和显示电路制作（□）

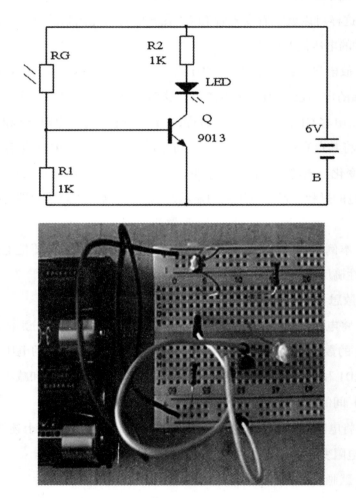

图 2-3-1

　　※ **电路原理**：这是一个可以通过光线的变化，来观察三极管 Q 的工作状态和发光管 LED 亮度变化的光电控制和显示电路，电路的原理图和实验板图见图 2-3-1。

本电路的工作原理：根据光敏电阻 RG 在亮、暗度一定的条件下，其电阻值相差约几十倍到上百倍之间的特性，将其作为三极管的偏置电阻，控制三极管 Q 的基极电位 $V_b$，用以影响三极管的工作状态，实现对发光管 LED 的亮、暗控制。

本例电路是由光敏电阻 RG、偏置电阻 R1 和限流电阻 R2、NPN 三极管 Q、发光二极管 LED 和电源 B 组成。光敏电阻 RG、电阻 R1 和三极管 Q 的 b 极相连接，组成了三极管 Q 的偏置分压电路，此时，三极管 Q 的 b 极电压 $V_b$ 是由 RG 和 $R_1$ 的比值所决定的。电阻分压电路图，见图 2-3-2。

电阻分压电路的计算公式：$U_{out} = (R_2/R_1 + R_2) U_{in}$

也就是说，在其他条件不变的情况下，三极管的工作状态，完全取决于 $V_b$ 的变化。

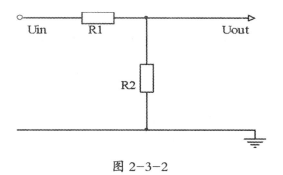

图 2-3-2

下面简单地分析一下这个电路。在图 2-3-1 的电路中共有三个电流回路存在，其中的一个回路，电流由电源 B 的"＋"极，通过光敏电阻 RG 和电阻 R1 相连接，再回到电源 B 的"－"端。

而与此同时，第二个回路，电流由电源 B 的"＋"端，通过 RG、R1 和 Q 的 b 极连接点，流经三极管 Q 的 b-e 结（此时，b-e 结有无电流，取决于三极管 Q 的 Vb-e 电压是否高于三极管的导通电压），然后，再回到电源 B 的"－"端。

第三个回路，电流由电源 B 的"＋"端流经电阻 R2、发光管 LED 和三极管 Q 的 c-e 结（有无电流，取决于三极管 Q 是否导通），再回到电源 B 的"－"端。

当光敏电阻 RG 处在亮状态时，光敏电阻 RG 从原来呈现的很大阻值，变为极小的电阻值，使得三极管 Q 的偏置分压电路 RG 和 R1 的分压比发生变化，并使三极管 Q 的 b 极 Vb-e 电压升高，当三极管 Q 的 Vb-e 电压超过三极管导通的临界电压时，三极管 Q 就会导通，其 b-e 之间就有电流 Ib 流过。由于，三极管 Q 的集电极电流 Ic 受基极电流 Ib 的控制，且大于 Ib 电流 β 倍，因此，三极管 Q 的 c-e 极之间就有电流 Ic 流过，这时，三个回路都有电流流过，发光管 LED 被点亮。

发光管 LED 的亮度，在三极管 Q 处于放大状态时，受电流 Ib 和 Ic 的影响和控制，并且会随着照射光敏电阻 RG 的亮度增强，而变得更加明亮，直至三极管 Q 进入饱和状态，电流不再变化，发光管 LED 的亮度也不再变化。

当光敏电阻 RG 处在暗的状态时，光敏电阻 RG 呈现很大的阻值，使得三极管 Q 的 b 极电压 Vb-e 降低，当 Vb-e 电压低于三极管的导通电压时，三极管 Q 就进入了截止状态，这时，三极管 Q 的 Ib 和 Ic 电流就会同时消失，同时发光管 LED 也进入熄灭状态。

**※ 实践步骤：**

（1）本例适宜在实验面包板上进行实验。

（2）首先在面包板上选适当位置，将核心元件三极管 Q 的三个管脚插入孔中，然后根据电路原理图的指示，将元器件正确相连接后，最后连接电源。

（3）经过检查并确认安装、焊接无误后，就可以启动电源，开始测试了。刚开始，电路在接通电源后，LED 可能会没有任何显示，这可能是因为光敏电阻 RG 所处环境不够亮的原因，此时，可以用手电筒灯光直接照射 RG 的表面，然后，观察 LED 的变化。

（4）当一切正常时，RG 被灯光照射后，发光管 LED 会立刻被点亮，然后，随着手电筒灯光的渐渐离去，LED 就开始逐渐变暗，直至彻底熄灭。

（5）测试三极管的截止状态：当光敏电阻 RG 处于暗状态时，三极管 Q 就进入了截止状态。这时，用万用表的直流电压 V- 档，分别测试三极管 Q 的 b 极和 c 极的电压，这时三极管 Q 的 Vb-e 电压应 < 0.5V，Vc-e 电压应接近电源电压。

（6）测试三极管的饱和状态：当光敏电阻 RG 处于亮状态时，三极管 Q 就处于饱和状态（Vb-e ≥ 0.7V），用万用表的直流电压 V- 档，分别测试三极管 Q 的 b 极和 c 极的电压。此时，三极管 Q 的 Vb-e 电压应 ≥ 0.7V，Vc-e 电压应接近 0V。

（7）测试三极管的放大状态：若光敏电阻 RG 处于亮与暗的过渡状态，这时，由于光敏电阻的阻值变化不够大，使得三极管 Q 就会进入截至与饱和的中间状态（放大状态）。此时，三极管 Q 的 Ic 电流会随着 Ib 的变化而变化，发光管 LED1 的亮度也会随之变化，这时所测的电压值 Vbe 应在（0.5~0.7V 之间），Vce 电压应在（0.5V~0.8V × Vcc 之间）且处在变化中，此时，三极管 Q 即处在放大状态。

**※ 发散思考与练习提高：**

（1）可否将图 2-3-1 电路中的电阻 R1 去掉不用？

（2）怎样才能在光线暗时，将发光二极管 LED 点亮？

（3）默画光电控制显示电路图。

（4）在光敏电阻 RG 处在亮和暗两个状态时，测量三极管 Q 的基极电压 Vb 和集电极电压 Vc，并标注在默画电路的相应位置上。

## 例四 "猫眼"电路制作（无稳态振荡器）（□、☆）

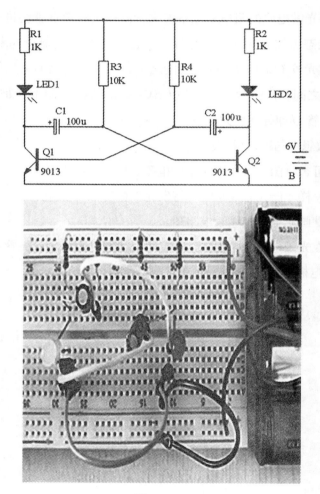

图 2-4-1

※ **电路原理**：这是用两个三极管组成的 RC 多谐振荡器，RC 多谐振荡器的原理图和实验板图，见图 2-4-1。

多谐振荡器的电路构成：电路由两只三极管 Q1 和 Q2 组成正反馈放大

电路，R3、R4 为充电电阻，C1、C2 为充电电容，R1、R2 为发光二极管的限流电阻和三极管的负载电阻。

电路的工作过程：当电源一接通，两只三极管 Q1 和 Q2 就要争先导通，但由于元器件有差异，只有某一只管子最先导通。假如 Q1 最先导通，那么 Q1 的 c 极电压下降，LED1 被点亮，电容 C1 的左端接近零电压，由于电容器两端的电压不能突变的原因，所以通过 C1 将 Q2 的 b 极电压也拉到接近 0 的电压，使 Q2 截止，LED2 为暗状态。

但随着电源通过电阻 R3 对 C1 的充电，C1 两端的电压不断升高，也使三极管 Q2 的 b 极电压 Vb-e 逐渐升高，当基极电压 Vb-e 超过 0.6V 时，Q2 由截止状态变为导通状态，使得 Q2 的集电极电压 Vc-e 下降，LED2 被点亮。

与此同时三极管 Q2 的集电极电压 Vc-e 的下降，通过电容器 C2 的传导作用，又使三极管 Q1 的基极电压 Vb-e 下跳，Q1 由导通变为截止，LED1 熄灭。就这样，电路中的两只三极管 Q1 和 Q2，它们会轮流工作在导通或截止状态，两只发光二极管 LED1 和 LED2 也就由亮到暗不停地循环下去。

发光管的闪烁频率可以通过改变电阻 R3、R4 和电容 C1、C2 的容量实现。

一般正常工作的多谐振荡器无需加发光二极管，只要有脉冲波输出即可。但有了发光管之后，便可成为灯光交替闪烁的显示电路，它既可以作为脉冲信号发生器，供电路测量和信号驱动使用，也可作为光亮闪烁标志之用。

**※ 实践步骤：**

（1）本例适宜在实验面包板上进行实验。

（2）在面包板上，将两个核心元件三极管 Q1 和 Q2，互相对应地安放在合适的位置上（最好是 C1 和 C2 可以直接跨接的位置），然后根据图 2-2-5 的连接关系，通过连接线将元器件正确连接，最后连接电源。

（3）经过检查并确认安装、连接无误后，开始启动电源，进行测试。在电路一切正常情形下，接通电源后，LED1 和 LED2 就会有规律地开始交替闪烁。

（4）改变 LED 闪烁频率的实验：将电阻 R3、R4（10K）更换为 27K 后，观察 LED 的频率变化（高 / 低）情况，总结出电阻值增减与频率变化的关系。

（5）将电容 C1、C2=100μ 更换为 47μ，观察 LED 的频率变化（高 / 低）情况，总结出电容量增减与频率变化的关系。

（6）有条件的情况下，用示波器测试图 2-4-1 电路工作的波形、幅度和频率，并得出波形的形状、幅度、频率的结果。

※ 发散思考与练习提高：

（1）可否在电路中再增加一对发光二极管？

（2）如果可以增加一对发光二极管，请画出草图，并标明该如何连接？

## 例五　疯狂"迪斯科"闪烁器制作（□、☆）

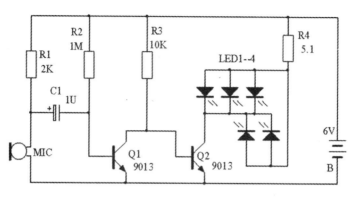

图 2-5-1

※ **电路原理：** 这是一个用音频驱动的 LED 闪烁器，声控 LED 闪烁器
的原理图和安装焊接图见图 2-5-1。

本电路的功用：用声音的变化控制 LED 灯闪烁，尤其是在舞会、KTV 等环境中，将其作为环境装饰物，随着音乐的起伏，LED 就会忽暗忽明、闪闪发光，起着增添良好氛围和效果的作用。

电路的工作过程：MIC 作为声电转换元件，负责接收声音信号并转换成电信号，从 MIC 出来的弱小电信号，通过三极管 Q1 和 Q2 组成的两级直接耦合放大器对其进行放大。R1 为 MIC 提供偏置电压，C1 作为音频信号耦合之用，R2、R3 分别为三极管 Q1、Q2 的偏置电阻，LED1-4 作为 Q2 的负载和发光显示之用。

电路中使用的 MIC 是驻极体话筒，其灵敏度非常高，可以采集到微弱的声音信号。由于这种话筒工作时，必须要有直流偏压才能工作，所以，用电阻 R1 为 MIC 提供直流偏置电压。一般而言，电阻 R1 的阻值越大，话筒采集声音的灵敏度越弱，电阻越小话筒的灵敏度越高，话筒将采集到的交流声音信号通过 C1 耦合送到三极管 Q1 的 b 极。

当电源接通后，R2、R3 就分别给 Q1 和 Q2 提供了基极电流。Q1 在没有接收到声音信号时处于微导通状态，由于 Q2 的基极电位受控于 Q1 的集电极电位，故当话筒 MIC 发出一个交变信号，信号的正半周叠加于 Q1 的基极上，使得 Q1 基极电流增强，Q1 的集电极电位下降得更低，Q2 的导通程度进一步降低，使 LED 亮度减弱。

当信号的负半周叠加于 Q1 基极时，使得 Q1 基极电流减少，Q1 的集电极电位上升，Q2 的导通程度就增加，使 LED 亮度增强。

所以，MIC 发出的信号越强，Q2 的集电极电流变化就越大，LED 亮度变化就越强烈。当 MIC 的输入信号较弱时，不足以使 Q1 退出饱和区，Q2 就依然处于截止状态，LED 仍保持熄灭状态，直到较强的信号发生时，LED 才会点亮发光。

**※ 实践步骤：**

（1）本例可选择在实验面包板或定制印制板制作，此处采用在定制印制板上制作和实验。

（2）由于这是本教程中，第一次在定制印制板上焊接元器件，为了保证焊接质量和外观整洁，建议初学者最好能够先在废旧的印制板上先练习焊接，待焊接技巧成熟一些后，再用正式的材料焊接为好。

（3）一般在印制板上安装、焊接元器件的顺序是：首先，在印制板上安装某类体积最小的元器件（如电阻、二极管等）；然后，将安装到位的元器件进行焊接，并将长出的管脚剪去；接着，再安装和焊接体积稍大的元器件，以此类推，直到全部焊接完毕。

（4）在将本例的元器件和定制印制板准备好后，根据电路原理图和印制板上的标识，将元器件按照"先小后大"的原则，分种类和批次完成安装和焊接元器件的工作，最后连接电源。

（5）经过检查并确认安装、焊接无误后，启动电源，并站在离话筒0.5米左右的距离，用正常音量说话或唱歌，此时，四个LED发光管应有闪烁现象（印制板上是五个LED），就表示电路工作正常。

（6）若测试时，需要大声喊叫，LED才有反应，则说明灵敏度偏低，Q1可能进入了深度饱和状态，需要调整R2和R3的阻值，使无信号时Q1刚好处于饱和与放大区的边缘状态。若灵敏度过高，则使用与上述相反的方法进行调整。

（7）调试完毕后，即可用于场景装饰和信号显示的各种场合。

**※ 发散思考与练习提高：**

（1）在本电路中，还可以用什么元件来替代MIC，使声音信号变为电信号，并使这些LED闪亮、发光？

（2）尝试将自己设想出的替代方案付诸实践，并查看结果。

（3）测试Q1和Q2在静态时的工作状态：将万用表置于V-档，将黑标记接地，用红表笔先后接Q1、Q2的b极和c极，并将测试结果记录下来。

（4）根据测试结果分析无信号时Q1和Q2的工作状态。

## 例六　简易音乐片门铃制作（□、☆）

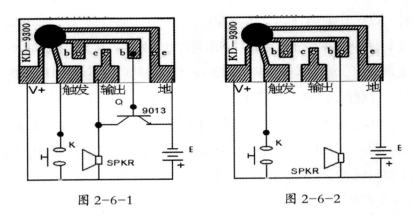

图 2-6-1　　　　　　　　　　图 2-6-2

※ **电路原理：** 门铃的种类有很多，这里介绍的是用9300系列音乐片作为门铃的"音源"，配以9013三极管、按钮开关、扬声器和3V电池，制作的简单、实用的音乐门铃。音乐门铃的连接示意图见图2-6-1。

这是一个将音乐片应用作门铃的实际电路，一般音乐片的核心电路，就是一小块粘贴在印制板上的芯片，音乐片与外围电路连接的方式，是通过印制板上的铜箔进行的，因此，只要按照原理图的连接方式，将几个元器件用导线相连接，就可实现门铃的功能。

9300系列音乐片的引脚功能如下（从左至右）：①脚V+接电源的正极、按钮开关K的一端和扬声器的一端；②脚触发端，接按钮开关K的另一端；③脚输出端，接三极管的c极与扬声器的另一端；④脚为电源地，接三极管的e极和电源负极。

只要将三极管（NPN型三极管即可）按照正确的方法安装在相应的孔位上，再将外接连线连接正确，音乐片就能发出悦耳的声音来。

音乐片的工作电压一般是1.5V~3.5V，电压过高容易烧毁音乐片。

**※ 实践步骤：**

（1）本例适宜在实验面包板上进行实验，但首先要将音乐片的引脚焊接上连接线。

（2）首先先将音乐片的外接"金手指"（铜箔处），用细砂纸轻轻打磨，去除其表面的氧化层后，用松香和焊锡镀一层锡，然后将连接线焊接在金手指处。但需要注意的是，由于音乐片的内部芯片抗高温能力很弱，故在焊接时，每个焊点的焊接时间不得超过三秒钟，否则可能导致其损坏。

（3）在焊接好连接线后，即可开始进行外接元器件的安装和连线工作。

（4）经过检查并确认安装连接无误后，接通电源，按下触发开关，音乐就会响起。

**※ 发散思考与练习提高：**

（1）除了将音乐片做门铃外，还可以应用在哪里，请举 2 个以上例子。

（2）为什么 9300 系列音乐片不在出厂时就将三极管直接焊接好？

（3）按照图 2-6-2 的连接方式，将音乐片与外接元件相连接后，观察和聆听扬声器的声音，并回答这样的连接方法与按图 2-6-1 连接的电路效果有什么不同？

## 例七　循环"流水灯"制作（□、☆）

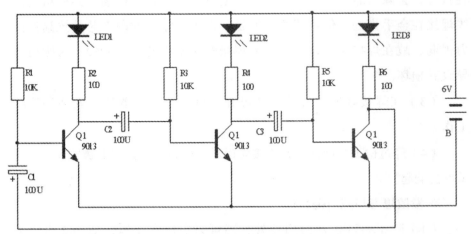

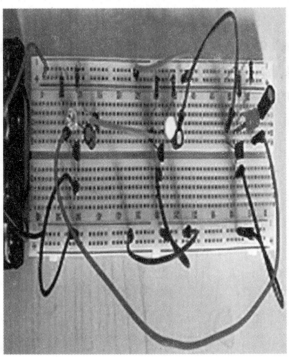

图 2-7-1

※ **电路原理**：这是一个由三只三极管和三只 LED 组成的循环流水灯，LED 循环流水灯的原理图和实验面包板图见图 2-7-1。

LED 循环流水灯的工作过程：当电源接通时，三只三极管就会争先导通，但由于元器件之间存在差异，只会有 1 只三极管首先导通，假设 Q1 最先导通，则 LED1 先点亮。当 Q1 导通后，其 c 极电压下降，就使得电容 C2 左端电压下降，接近 0V，由于电容两端的电压不能突变的原因，因此，这时 Q2 的 b 极电位也被拉到了近似 0V，所以，Q2 截止，接在其 c 极的 LED2 同时熄灭。

此时，由于 Q2 的截止，Q2 的 c 极高电位通过电容 C3 的传导，又使 Q3 的 b 极电压升高，迫使 Q3 又迅速导通，LED3 被点亮。

在这段时间里，Q1 和 Q3 的 c 极均为低电平，LED1 和 LED3 这两个灯被点亮，LED2 熄灭，但随着电源通过电阻 R3 对 C2 的不断充电，Q2 的 b 极电压在逐渐升高，当 Q2 的基极电压 Vb-e 超过导通电压时，Q2 迅速由截至状态变为导通状态，c 极电压下降，LED2 被点亮。与此同时，Q2 下降的 c 极电压，通过电容 C3 使 Q3 的 b 极电压也降低，Q3 由导通又变为了截止，其 c 极电压升高，LED3 熄灭。

接下来，电路就按照上面叙述的过程不断循环，LED1、LED2、LED3 便会被轮流点亮，当亮、暗的变化达到一定速度时，LED 的闪烁灯光，就会出现像流水一样的效果。

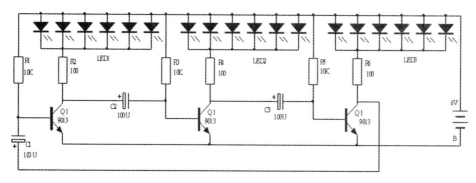

图 2-7-2

如果希望将这个电路应用在生活中，并得到更美观的效果，还可以把这些 LED 做成 3~5 个一组，并交叉排列呈一个心形或其它图案，通过 LED 灯光组的不断循环闪烁发光，就会达到非常好的视觉效果，其电路连接无需改变，只需在每个发光二极管 LED1-LED3 旁各并联 3~5 只 LED 即可，如图 2-7-2。将电子元器件安装在定制印制板上，制作成心形流水灯后的效果见图 2-7-3。

图 2-7-3

※ **实践步骤：**

（1）本例可选择在实验面包板或定制印制板上进行，此处选择在面包板上实验。

（2）根据原理图将元器件准备好后，将核心元件三只三极管 Q1、Q2 和 Q3 按照等分的方法，将每个三极管按合适的距离安放后，按照原理图的连接关系，将每个元器件用跳线连接好。但需要注意的是，最好将三个发光管安放在同一条水平或垂直线上，以增加灯光的"流水"感。

（3）经过检查并确认安装、连接无误后，接通电源，就可以观察三只发光管的变化情况和循环速度了，若感觉眼睛对"流水"速度不适应，可以通过调节电容 C1、C2 和 C3 的容量来改变"流水"速度。

（4）改变流水闪烁频率的实验：将 C1、C2、C3 的容量更换为 47μ/16V 后，观看 LED 闪烁频率变化，总结电容量大小对频率的影响情况。

（5）再将 R1、R3、R5 的阻值增减 30% 左右后，观看 LED 闪烁频率变化，总结电阻值的大小对频率的影响情况。

（6）若要将流水灯制作成为一个心形流水灯的作品，可以定制印制板并按照印制板的标识安装、焊接即可。

**※ 发散思考与练习提高：**

（1）可否将3组LED循环灯，变为4~5组循环灯？

（2）绘制一张4组循环流水灯的原理图，并在面包板上着手实验。

（3）如何能让"流水"停止，并同时点亮三个LED？

## 例八　"探宝仪"（金属探测器）制作（□、☆）

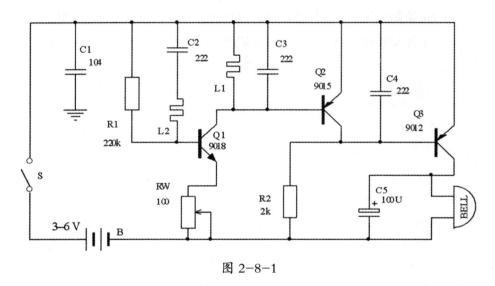

图 2-8-1

※ **电路原理：**探宝仪的电路原理图见图 2-8-1。实际上，这是将三极管和电容、电感组成的 LC 振荡器应用在金属探测的一个简易电子装置。

探宝仪的基本工作原理：是根据电磁感应的特点，利用交流电在通过线圈时，线圈周围就会产生迅速变化的磁场，并且这个磁场还会在金属物体内部产生"涡电流"的现象，然后，再用涡电流产生的磁场，倒过来去影响原来的磁场，使产生交流电的电子振荡器的振荡条件发生变化，从而引发探测器发出发现可疑物的蜂鸣声。

探宝仪的精确性和可靠性取决于电磁发射器频率的稳定性，一般使用从 80KHz~800KHz 的工作频率。工作频率越低，对铁的检测性能越好；工作频率越高，对高碳钢的检测性能越好。检测器的灵敏度随着检测范围的增大而降低，感应信号大小取决于金属粒子尺寸和它的导电性能。

探测器的工作过程：三极管 Q1、L1、L2、C2、C3、R1、RW 组成了高频振荡电路，当 LC 振荡器的线圈 L 通电后，就会产生磁场，这时若有金属物进入磁场范围，就会引起磁场变化，继而导致振荡器的停振或起振，由此就能判断是否有金属物质的存在。

电路中，调节电位器 RW 可以改变振荡级的增益（放大倍数），通过调节它可以使振荡器处于临界振荡状态，即：恰好使振荡器要起振，未起振的状态。Q2、Q3 组成检测电路，电路正常振荡时，振荡器产生的交流信号超过 0.6V 时（三极管导通电压），Q2 就会在信号负半周导通，将 C4 短路放电，结果导致 Q3 截止；当探测线圈 L1 靠近金属物体时，会在金属导体中产生涡电流，使振荡回路中的能量损耗增大，正反馈减弱，使得处于临界状态的振荡器振荡减弱，甚至无法维持振荡所需的最低能量而停振。

这时 Q1 的停振，使得 Q2 得不到振荡信号而截止，与此同时，由于 Q2 的截止，使得 Q3 的 b 极电压被拉低，Q3 被正向偏置而导通，从而推动蜂鸣器发出鸣叫声。我们就可以根据鸣叫声，来判定探测线圈下面是否有金属物体了。

探宝器的定制印制板和安装元器件后的电路板见图 2-8-2。

图 2-8-2

※ **实践步骤：**

（1）本例只适宜于在定制印制板上进行实验。

（2）先按电路图的要求，将各元器件准备好，根据"先小后大"的原则，分批将电阻、二极管、电容等元器件安装、焊接在指定位置。

（3）在制作电感时，L1 只需要用 Φ0.3mm~0.5mm 的漆包线在

Φ5cm~6cm 的空芯圆上，绕制数圈（4~6 圈）即可，L2 在同样直径的空芯上，绕制 30~40 圈即可（若采用成品的定制印制板，其表面上就刻制好了线圈，可直接应用）。为了减少损耗，电容 C2、C3 最好采用涤纶电容。

（4）经过检查并确认安装、焊接无误后，接通电源，这时探测器内置的蜂鸣器可能鸣叫，也可能不鸣叫，这两个状态都是正常的。

（5）在上述状态下，用小型螺丝刀缓慢调节电位器 RW，将蜂鸣器的鸣叫声调至若有若无的状态，刚好不发声，即：振荡的临界状态（不靠近金属物的情况下）。

（6）在临界状态下，将探测器线圈 L2 接近金属物，此时，蜂鸣器应该鸣响，远离金属物后，应该停止发声，若远离不能停止发声，再把电位器 RW 调整一下，直至符合要求为止。

（7）若通电后长响，这可能是因为前面振荡级没有起振造成的，可查找是否有元器件焊错位置的地方。另外若 Q2 的放大倍数太低，不足以让 Q3 关断也会长响。

**※ 发散思考与练习提高：**

（1）怎样让探测器在蜂鸣器鸣叫的同时，还有光亮显示？

（2）画出自己设计的探测器声、光显示示意图（只画显示部分）。

（3）在蜂鸣器鸣叫的状态下，测试 Q2 和 Q3 的基极电位和集电极电位，并作出判断它们分别工作在什么状态下？

## 例九　三极管双稳态开关电路制作（□）

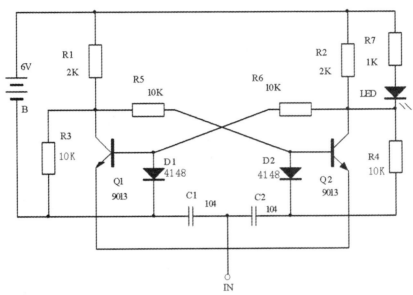

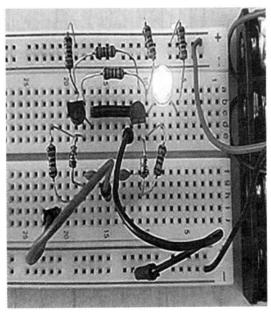

图 2-9-1

※ **电路原理：** 双稳态电路意为有两个稳定的状态，无触发时是不变的（不动作），当接收到触发信号时变为另一状态，再次接收到触发信号时变回原来的状态，如此反复，这就是双稳态电路。双稳态电路在自动化控制方面有着重要的作用。

双稳态电路一般有一个输出端和两个输入端，当输入端有触发信号时，它的输出端也会随之改变状态，且一直稳定地维持这个状态。而且双稳态电路有多种形式，图 2-9-1 是双稳态电路中的一种。

双稳态电路的工作过程如下：假设双稳态电路的初始状态是 Q1 导通 Q2 截止，这时候，由外界输入信号脉冲至输入端 IN，由于二极管 D1、D2 只能通过负脉冲，故通过 D1 的负脉冲使得 Q1 的 b 极电流减小（这时，负脉冲通过 D2 加在 Q2 的 b 极不起作用），并使 Q1 退出饱和状态，进入放大状态，于是它的 c 极电位升高，升高的电位经电阻 R1 和 R5 分压后，送到截止管 Q2 的 b 极，也使 Q2 的 b 极电位上升，并使 Q2 迅速进入饱和状态。

当 Q2 进入饱和状态后，它的 c 极电位就被迅速拉低，这个低电位又通过 R6 将 Q1 的 b 极电位进一步降低，直至 Q1 截止，这样就实现了电路状态的一次翻转。

当再有脉冲信号输入时，负脉冲通过 D2 又使 Q2 截止 Q1 导通，只要有信号输入，它们就这样依次互相转换并持续循环下去。发光管 LED 作为状态指示之用。

一般由 NPN 型三极管组成的双稳态电路，触发信号为负脉冲时有效；PNP 型三极管组成的双稳态电路，触发信号为正脉冲时有效。图 2-9-1 即为 NPN 型三极管组成的双稳态电路，因此，是负脉冲信号有效的触发电路。

※ **实践步骤：**

（1）本例可选择在实验面包板上实验，也可直接选用定制印制板上制作，此处选择在面包板上实验。

（2）按照电原理图将元器件准备好之后，先将两个核心元器件 Q1 和 Q2 安放在面包板的适当位置，再按原理图将各元器件连接安装完毕。

（3）经过检查并确认安装、焊接无误后，接通电源，将信号输入端

IN 连接一条导线，当作信号输入端，把电源的负极作为触发信号源（有条件的可以采用信号发生器），用导线露出的金属端去触及电源的负极，然后，观看发光管 LED 的变化，观察 LED 是否在随着信号的输入而改变状态。

（4）正常状态时，输入端连线触地一次，双稳态电路状态就会翻转一次，在没有新的触发信号到来前，电路就会一直维持现有状态，直到下个触发信号到来。

（5）只要双稳态电路的输入端接收到负脉冲后，它的状态就能立即翻转，并能够一直维持，若电路状态达到了这种情况，就等于通过了电路测试，证明实验成功。

**※ 发散思考与练习提高：**

（1）按电路原理图描述双稳态电路的工作过程。

（2）有一实验项目，需要用两个发光二极管来显示双稳态电路的工作状态，请画出另一个发光管的安装位置，并按照上述的要求，尝试将增加的发光管安装在电路中，并使电路工作状态正常。

预备知识 Y-1：整流、滤波和稳压电路

（1）整流电路的功能：整流就是把交流电变为直流电的过程。但是在实际应用中，若要将交流电变为可用的直流电，仅仅经过整流是远远不够的。因为，整流过后的直流电还只是脉动直流电，它的电流方向虽然不再变化，但电流的大小还在随时间而变，所以，还不能作为直流电源正常使用，还需要用滤波电路将其变成平滑的直流电才可以应用。一般常见的整流电路分为半波整流、全波整流和桥式整流。

（2）滤波电路的功能：是将经过整流后的脉动直流电压中的交流成分滤除，减少交流成分，改善直流电源性能的电路，叫滤波电路。滤波电路一般是直接连在整流电路后面，通常由电容器，电感器和电阻器按照一定的方式组合而成。其原理是，利用储能元件"电容两端的电压（或通过电感器 L 的电流）不能突变"的性质和电容器具有的"通交流，隔直流"的性质，以及电感器具有的"通直流，隔交流"的性质，把电容 C（或电感 L）与整流电路的负载 Rfz 并联（或串联），就可以将电路中由整流电路输出的直流电压中的交流成分大大地加以扼制，从而得到比较平滑的直流电。因此，一般在小功率整流电路中，经常使用电容滤波电路的作用，就是把脉动的直流电变为平滑的直流电供给负载。

（3）半波整流滤波电路的功能：是利用二极管的单向导电特性，在整流电路输入为标准正弦波的情况下，输出获得正弦波的正半周部分，负半周部分则损失掉。这种除去半周、留下半周的整流方法，叫半波整流。它的工作原理很简单，当输入的电压波形为正半周时，二极管 D 正向导通，输出脉动电压；负半周时，二极管 D 截止，输出没有电压通过，这样不断循环下去，形成脉动直流电压。

若在二极管 D 的后面，加上电容 C，就组成了滤波电路，电流在通过滤波电路后，直流电压就会变得平整许多，见图 Y–1–1。通过电路图可以看到，半波整流电路的结构十分简单并且易于实现，但是由于半波整流电路只利用了交流电波形的一半，另外一半被放弃了，所以，它的整流效率低，波纹大，使得它在许多场合受到限制。半波整流滤波电路的电路图和输入输出的波形图见图 Y–1–1。

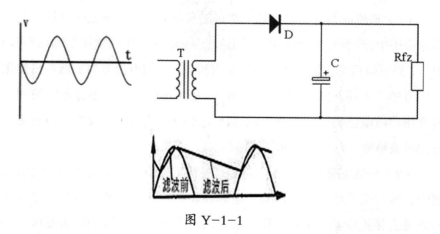

图 Y–1–1

（4）全波桥式整流滤波电路的功能：桥式整流是对二极管半波整流电

路的一种改进，是利用二极管单向导电的特性，将四个二极管按一定规则对接后，将交流电转换为直流电的一种有效的方式。全波桥式整流电路原理图和波形图见图 Y-1-2。

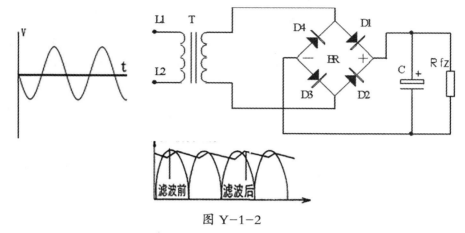

图 Y-1-2

桥式整流电路的工作过程：交流电（220V 市电）由电路输入端 L1 和 L2 端输入，当 L1 输入的电压为正半周时，对 D1、D3 加正向电压，D1、D3 导通，同时，对 D2、D4 加反向电压，D2、D4 截止。电路中构成 L1、D1、Rfz、D3、L2 通电回路，在 Rfz 上形成上正下负的半波整流电压。

当 L1 输入的电压为负半周时，对 D2、D4 加正向电压，D2、D4 导通，同时，对 D1、D3 加反向电压，D1、D3 截止。在电路中构成 L2、D2、Rfz、D4、L1 通电回路，同样在 Rfz 上形成上正下负的另外半波的整流电压。如此重复下去，结果在 Rfz 上便得到全波整流电压。

从图 Y-1-2 的波形就能看出，桥式整流后的电压效率明显高了，但电路的电压依然还不是真正的直流电，还有很严重的"脉动"波。跟半波整流情况一样，桥式整流也只是交流电转换成直流电的第一个步骤，若要取得完全平直的直流电压，还需要用电容、电感、电阻等元器件，对这些"脉动"波进行"滤波"，只有经过滤波后的直流电压才能供各种控制电路稳定地使用。

（5）稳压电路的功能：是当不具备稳压功能的电源在电网电压或负载电流发生变化时，经过整流滤波电路输出的直流电压的幅值也将会随之变化，所以这样的电路很难满足实际使用要求，因此，需要将经过整流和滤波的直流电源进行稳压。

电源能够跟随输入电压和电源负载变化而自动调整输出电压，并使其稳定在某一设定电压的过程称为稳压。稳压电路的组成有许多形式，但基本都是利用稳压管的原理，经过增加外围电路，来达到扩展稳压电路的范围和功率的目的。稳压管的特性曲线见图 Y–1–3，稳压电路的基本形式见图 Y–1–4。

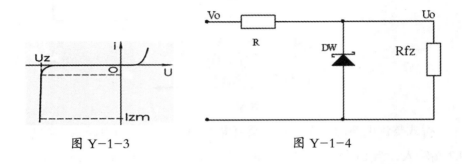

图 Y–1–3                        图 Y–1–4

稳压电路的工作过程：当输入电压 Vo 向上波动时，通过电阻 R 的电压也在向上波动，但由于稳压二极管 DW 的存在并且预先导通，使得流过稳压管 DW 的电流开始增加，这时候，经过 R 的电压降就增大，使得输出电压降低，从而维持了输出电压 Uo 电压保持不变；当输入电压向下波动时，流过稳压管 DW 的电流减小，经过调整电阻 R 的电压降降低，而输出电压升高，使得输出电压 Uo 维持不变。

## 例十 "夜明珠"光控小夜灯制作（☆）

※ **电路原理**：光控小夜灯是采用220V市电供电，利用电容降压，采用光敏电阻控制三极管开关导通的方式，控制小夜灯在白天自动熄灭，晚上自动点亮，它的功耗仅不到1瓦，是一个非常实用的小家电制品。光控小夜灯原理图见图2-10-1。

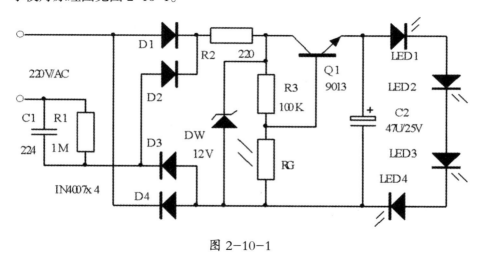

图 2-10-1

小夜灯电路的构成：电路由降压电容C1，放电电阻R1，桥式整流二极管D1-D4，限流缓冲电阻R2，12V稳压二极管DW，滤波电容C2，电阻R3和光敏电阻RG组成的分压电路，开关调整三极管Q1和电路负载LED1-LED4组成。小夜灯的电路板和实物图见图2-10-2。

小夜灯电路的工作过程：将220V市电引入后，通过降压电容C1降压，并经过D1-D4二极管组成的桥式整流电路后,得到直流电压,这个直流电压,在经过缓冲限流电阻R2和稳压二极管DW组成的12V稳压电路的稳压后,被DW稳定在12V左右（注：这是相对电压，其绝对电压依然是220V，切不可用手触摸）。

图 2-10-2

在电路中，电阻 R3 和光敏电阻 RG 组成开关电路，三极管的分压电路，控制三极管 Q1 的导通和关闭。当光敏电阻 RG 处在亮环境时，RG 两端呈现的电阻非常小，使得三极管 Q1 的 b 极，处于低电位，三极管 Q1 截止不导通，没有电流流过 LED1-LED4。

当光敏电阻 RG 处在暗环境时，RG 两端呈现的电阻非常大，因而，抬高了三极管 Q1 的 b 极电压，使得三极管 Q1 导通，同时有电流从三极管 Q1 的 c-e 和 LED1-LED4 之间流过，这时，发光二极管 LED1-LED4 就被点亮。

电容 C2 是滤波电容，它的存在会使发光管的发光稳定均匀。R1 为 C1 的放电电阻，发光二极管的亮度，会随着照射在光敏电阻 RG 上光的强弱而逐渐改变。

※ **实践步骤：**（因为本实验涉及接触 220V 交流电压，故应在指导教师的带领和监督下进行）

（1）本例只可在定制印制板上进行安装、焊接、调试实验，以免发生触电危险。

（2）需要注意的是，由于本电路是高压电路，一定要保证元器件的正确安装和焊接，尤其是，绝对不可将 4 个整流二极管的极性搞反，不可焊接短路，否则会导致电路短路和烧毁元器件的情况发生。所以，在安装、焊接元器件时，一定要认真检查元器件与原理图的数值是否对应，注意焊接是否良好。

（3）按照电原理图将所需元器件准备好后，根据"先小后大"的安装、焊接原则，对应印制板上的标识，将元器件正确安装到位并焊接完毕（注意，在焊接光敏电阻 RG 时，不要将管脚剪得太低，以方便调整 RG 的光照角度）。

（4）在将连线往 220V 插头的插片上焊接时，先要用砂纸或小挫将金属插片顶端的氧化层去除，然后，用电烙铁将其镀上焊锡后，再焊接导线。

（5）一切安装焊接完成后，注意检查光敏电阻的位置，是否对准了外壳上的取光孔，否则会影响小夜灯的开启和关闭。

（6）经过检查并确认安装、焊接无误后，将小夜灯插入 220V 市电插座内，然后，用手指遮挡住取光孔，观察发光管是否发光。若看不到小夜灯内发出的亮光，可能是环境太亮，导致三极管 Q 没有导通的缘故。这时，可将小夜灯转移至光线较暗的屋内再进行测试，若无元器件损坏和焊接无误的情况下，小夜灯就应该被点亮，否则，就应该对元件安装，连线和焊接情况做认真检查。

（7）由于小夜灯是用作家庭夜间非照明之用，故不要求其亮度太高，以免影响睡眠，所以在白天测试小夜灯时，感觉亮了就可以，这样它在夜间使用时，亮度就恰好适中。

（8）任何情况下，不得在带电的情况下开启外壳、焊接、调整等，以防触电。

**※ 发散思考与练习提高：**

（1）小夜灯为什么可以用电容降压？

（2）小夜灯可以多加几个发光管吗？怎样增加？

（3）鉴于本电路对初学者存在着一定的安全危险性，建议学生仅使用定制印制板做组装、焊接和思考，不建议在实验板上做电路实验。

## 例十一　声控拍手开关制作（□、☆）

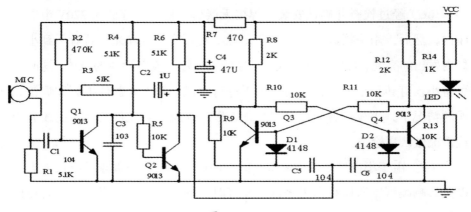

图 2-11-1

※ **电路原理：** 拍手开关意即开关电路受拍手信号（强信号）的控制，当拍手开关接收到拍手信号后，经过放大电路的放大和信号处理，将 LED 灯点亮，当再次拍手时又将 LED 熄灭，实现用声音信号来控制 LED 亮、暗转换（开、关）的过程，声控拍手开关的原理图见图 2-11-1。

由于拍手开关实际上就是一个音频放大电路和双稳态电路的复合体，所以，可以把这个电路分为两个部分来分析和制作，即：MIC 和 Q1、Q2 组成的音频放大部分，以及 Q3、Q4 组成的双稳态开关控制部分。

拍手开关的工作过程如下：

一、音频放大部分：当 MIC 把拍手信号转换成电信号后，经 C1 耦合到 Q1 的 b 极，在经过 Q1 对信号放大后，直接送至 Q2 的 b 极，对信号再做进一步放大，然后，由 Q2 的 c 极输出幅度很高的脉冲信号。

二、开关控制部分：从 Q2 输出的脉冲信号，被送至双稳态电路的两个触发耦合电容 C5、C6 的公共端，在这里电容 C5、C6 除了耦合功能外，还

76

有去除低频脉冲信号的功能，以达到向二极管 D1、D2 输送尖脉冲的效果（减少干扰）。声控拍手开关的实验电路见图 2-11-2。

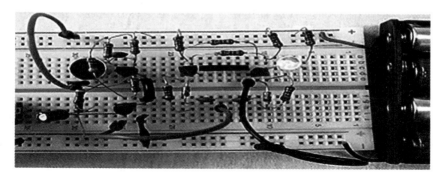

图 2-11-2

假设双稳态开关电路的初始状态是 Q3 导通、Q4 截止，由于二极管 D1、D2 只能通过负脉冲，故通过 D1 的负脉冲使得 Q3 的 b 极电流减小（这时，负脉冲通过 D2 加在 Q4 的 b 极不起作用），并使 Q3 退出饱和状态，进入放大状态，于是 Q3 的 c 极电位升高，经电阻 R10 和 R8 分压后送到截止管 Q4 的 b 极，促使 Q4 的 b 极电位上升，并使 Q4 迅速进入饱和状态。

当 Q4 进入饱和状态后，它的 c 极电位也同时降低，这个低电位又通过 R11 将 Q3 的 b 极电位进一步降低，直至 Q3 截止，这样就实现了开关状态的一次翻转。

当再有拍手信号输入时，负脉冲通过 D2 又使 Q4 截止、Q3 导通，这样依次互相转换，一直持续循环下去。发光管 LED 作为状态指示之用，也可以根据需要用其他方式替代。

※ **实践步骤：**

（1）本例可选择在实验面包板上进行实验，也可直接选用定制印制板制作，此处采用在面包板上实验。

（2）在将元器件准备好之后，采取"从左至右"的方式，在面包板的左侧选择位置，将 MIC 安放好，然后从 MIC 开始往后逐渐连接元器件，直至将全部元器件和导线连接完毕。

（3）经过检查并确认安装、焊接无误后，启动电源，然后，观察输出端的 LED 的状态，用嘴对着 MIC 的位置大声说话或使劲拍手，这时，LED 应该转换状态，由原来的亮变为暗或反之。

（4）若在拍手后 LED 没有变化，说明电路中存在问题，这就需要对元器件安装和连接情况进行检查。

（5）由于本电路可以分为两个部分，即：信号放大部分和开关控制部分，所以，检查也就可以分为两个部分进行。

（6）将连接 Q2 至 C5、C6 的连线断开（这样就将前、后部分断开了），将此连线的一端依然连接在 C5 和 C6 的公共端，另一端去反复触碰电源的地。若此时，LED 的状态能够正常翻转，则证明双稳态开关控制部分工作正常，问题可能出在前级音频放大部分中。

（7）再次检查音频放大部分的元器件安装、连接情况，测量 Q1 和 Q2 的 Vb 工作电压（正常值应为 0.5V~0.75V 之间）。

（8）用扬声器来检测信号放大部分，将扬声器的一端接电源正，另一端接 Q2 的集电极 C，然后，在正对 MIC 的方向拍手或说话，同时，监听扬声器的发音情况，若有声音传出，则表明信号放大部分基本正常，问题可能是拍手声音太小或放大部分灵敏度低，需要调整电阻 R1、R2 和 R4 的阻值，直到一切正常为止。

（9）采用拍手或大声说话，输出端的 LED 就会变化状态，证明电路工作正常，电路调试完毕。

※ **发散思考与练习提高：**

（1）思考可以将拍手开关应用在哪些地方？

（2）拍手开关的信号放大部分和双稳态电路部分各有什么作用？

（3）想要用拍手开关控制走廊电灯，该怎样实现？

## 例十二　电子"窃听器"制作（高增益电子助听器）（□、☆）

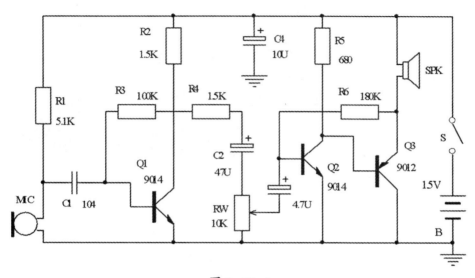

图 2-12-1

※ **电路原理：** 这个助听器是可以直接作为听力障碍人士使用的制成品，它具有灵敏度高、噪音低、体积小、便于携带的特点，是一个非常实用的电子制品。"高增益电子助听器"的原理图见图 2-12-1。

助听器工作原理：该电路是由麦克风 MIC、前置放大器、功率放大器和耳机几个部分组成。驻极体话筒 MIC 作为声电转换器，将电信号经过耦合电容 C1 传至前置放大器 Q1 的 b 极，放大后的音频信号从 Q1 的 c 极，经 R4、C2 送至电位器 RW，电位器 RW 起着调节信号强度的作用，经过 RW 调节后的信号送至 Q2 的 b 极，经过 Q2 与 Q3 组成的功率放大器，将音频信号放大，最后送至耳机，耳机发音。

这个电路的结构很简单，但它的设计却十分精巧，为了减小体积、降低重量，本电路采用了低电压工作的方式，使得助听器使用和携带起来都十分方便。如果电路元件选择正确，安装、焊接无误，本助听器的信号增益会很大，但失真度却非常小，很适合有听力障碍的人士使用。

需要注意的是，此电路采用的是单管功率放大电路，为了使放大信号不失真，就要使三极管 Q3 在静态时也要有一定的电流流过，故在电路静态时也消耗电量，应在不使用的时候，将电源开关关闭，以免浪费电池能量。助听器的印制板和组装后的电路板图见图 2-12-2。

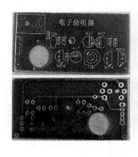

图 2-12-2

※ **实践步骤：**

（1）本例可选择在各种实验板上进行，此处采用定制印制板上实验。

（2）按照电原理图将所需元器件准备好后，根据"先小后大"的安装、焊接原则，将元器件与印制板上的标识相对应后，一一插入，并焊接完毕（焊接 MIC 时注意，不要将正负极焊错）。

（3）经过检查并确认安装、焊接无误后，将 5 号电池一节装入助听器盒中，并接通电源，开始测试。

（4）首先，将耳机插入耳机插座中（注意，有些耳机与插座不兼容，需要测试才知道），然后，打开电源开关，对着助听器吹气或说话，试听耳机传出的声音是否正常。正常时，都会有声音传出，即使周围没有声响，耳机中也应该有较强的背景噪音出现。

（5）若一切都按上述操作完毕，耳机中依然没有声音，首先应该检查电池电压、连线等有没有问题。然后，再用小螺丝刀来调节电位器 RW 的位置，减小放大器的衰减幅度，增大信号的放大量。

（6）若情况依然如故，再检查耳机的连接情况是否正常？要是无法确定耳机连接的好坏，可用扬声器暂时替代耳机，将其焊接在电路板上，再来试听扬声器是否有声音出现。若这时扬声器有声音出现了，则证明耳机与插座不兼容或耳机坏了；若扬声器也没有声音，就要重新检查元器件和电路的焊接情况了。

（7）若通电后，耳机中发出鸣叫声，说明放大器的增益调得太高，需要尝试将电位器 RW 向低增益的方向调节，同时注意将耳机远离 MIC，以免发生正反馈，造成自激振荡。

（8）正常情况，本电路无需太多调整，只要做到安装正确、无虚焊、短路情况发生，就能正常工作。

（9）开机后，耳机中传出静噪声，环境中有些微声响，便能从耳机中传出，证明助听器安装、调试成功。

※ 发散思考与练习提高：

（1）测试放大器的静态工作电压（无信号时）：将万用表置于 V– 档，黑表笔接地，用红表笔测试 Q1、Q2 的 b 极和 c 极和 Q3 的 b 极和 e 极的电压，并将测试结果记录下来。

（2）若 Q1 的集电极电压 $V_{c-e}=0V$，说明 Q1 是在什么工作状态？本电路能否正常工作？会出现什么现象？

（3）尝试用示波器观察和测试本电路的输入、输出波形，并提出改善失真的方法（由指导教师操作）。

（4）将音频信号发生器的信号输出端，接至耦合电容 C1 的一端，用示波器观测此时 C1 两端的信号幅度、波形，然后，再连续观测 Q1 的 c 极，Q2、Q3 的 b 极和 c 极，通过对信号的测试，进一步了解放大器的工作原理和放大过程。

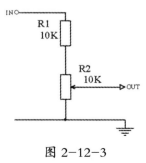

图 2-12-3

（5）若实验中没有音频信号发生器，则可采用示波器上的自测信号进行测试，即将示波器的自测信号，通过导线（此导线最好为屏蔽线）接至电阻分压电路的 IN 上（分压衰减电路见图 2-12-3），再将分压电路的输出端 OUT，通过导线连接到电容 C1 与麦克风 MIC 连接的一端；同时，将示波器的接地端，通过导线与助听器的接地端相连接即可开始对各级放大电路的波形和频率、幅度进行观测（采用分压衰减电路的原因是，示波器输出的测试信号往往幅度较大，会使放大电路失真）。

## 例十三　神奇的光控电子开关制作（□、☆）

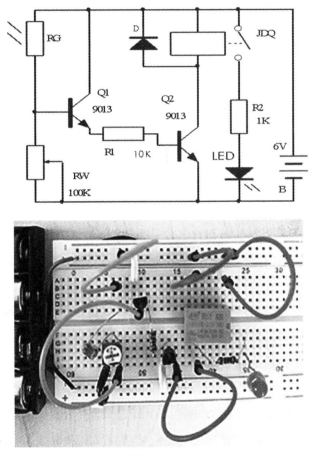

图 2-13-1

※ **电路原理：**这是一个用光敏电阻控制的光控电子开关电路，光控开关的原理图和实验板图见图 2-13-1。

光控电子开关的基本原理，就是利用光敏电阻的亮、暗电阻差，来改变三极管 Q1 的 b 极电流和工作状态，带动 Q2 在饱和区和截止区之间转换，从而实现对继电器 JDQ 的控制。

电路的构成：光敏电阻 RG 和电位器 RW 构成了三极管 Q1 的分压偏置电路（调整 RW 的阻值，可以改变光照灵敏度），Q1 与 Q2 构成复合三极管电路，以增大三极管的放大倍数。R1 是 Q2 的限流电阻，二极管 D 是为保护三极管 Q2 所安置的泄放二极管，继电器 JDQ 采用的是直流 5V 单触点继电器，作为控制开关的转换器，它起到了与输出隔离和扩大控制范围的目的。

光控电子开关电路的工作过程如下：三极管 Q1 的 b 极电流，由光敏电阻 RG 和下偏置电位器 RW 分压后取得，当光敏电阻 RG 处于无光照射状态时（暗状态），光敏电阻 RG 两端呈现较大的电阻，三极管 Q1 不导通，而三极管 Q2 的 b 极是通过电阻 R1 连接到 Q1 的 e 极的，因此，Q2 的 b 极也没有电流流过，Q2 处于截止状态，这时继电器 JDQ 不动作，触点也不闭合，发光管 LED 不亮。

当光敏电阻 RG 处于光照状态时（亮状态），其两端呈现的电阻变得非常小，使三极管 Q1 的 b 极电位升高并导通，流过电阻 R1 的电流也增大，导致 Q2 导通并迅速进入饱和状态，并带动继电器 JDQ 吸合，触点动作。直流电压通过电阻 R2 使发光管 LED 发光，起到状态指示作用。

**※ 实践步骤：**

（1）本例可选择在各种实验板上进行，此处采用在面包板上实验。

（2）按照电原理图将所需元器件准备好后，在面包板上，将元器件从左至右正确连接，最后连接继电器 JDQ。

（3）安装继电器时要注意，由于继电器的引脚内部所连接的是，一组线圈和几个触点，并且不同继电器的引脚定义也不相同，所以，最好在安装前，根据继电器外壳上的符号和标注，将线圈引脚和触点引脚的位置确定，以免接错。

（4）在继电器外壳上无标注的情况下，可以用万用表的欧姆档来鉴定各引脚的功能。首先，用万用表的一个表笔任意连接继电器的一个引脚，然后，依次测试其他各个引脚，若其中一对引脚导通，并有电阻值（几十欧姆至数百欧姆左右），这一对引脚便是线圈引脚，然后，记下这一对引脚位置；依上面的方式，再选择其他引脚做测试，当再有一对引脚的电阻值为 0 时，此对引脚便是常闭触点（有的继电器的常闭触点会有 2 个以上的引脚，注意区分它们之间的关系）；而剩下的 1 个引脚与其他引脚的电阻值都是无穷大（开路状态），此引脚便是常开触点（测试以单触点小型继电器为例）。

（5）当确定好继电器的线圈引脚后，可根据继电器标称的电压，将电源线的一端接继电器线圈引脚中的一脚（此时，不分正负极性），用电源线的另一端去触碰这对线圈引脚的另一脚，这时，会听见继电器的"哒哒"声，说明对继电器线圈引脚的判断是正确的，继电器已经工作了。

（6）判别继电器的常闭触点之间的引脚关系，也可用给继电器线圈引脚通、断电的方式来判别，即：若一对继电器触点引脚，无论是在继电器线圈通电或断电的情况下，它们都是直接相通的，则此一对引脚便是永久相连的引脚，而另一个引脚才是随继电器线圈通、断电而变化的开关触点引脚。

（7）将确认好了引脚功能的继电器安装完毕，经过检查并确认安装、连接无误后，即可接通电源进行测试。

（8）首先，将光敏电阻 RG 遮挡起来，让 RG 处于暗状态，此时，继电器 JDQ 不工作，发光管 LED 也不亮；然后，取下遮挡，或用手电筒照射光敏电阻 RG，这时候，控制电路就开始工作，继电器 JDQ 吸合，常闭触点断开，发光管 LED 被点亮。

（9）若光控电子开关对光线变化迟钝，则可通过调节电位器 RW 的阻值大小，来改变电路的灵敏度，使其达到需要的程度。

**※ 发散思考与练习提高：**

（1）按照图 2-13-1 叙述本电路的工作过程，分析 LED 在本电路中，什么情况下会被点亮。

（2）若有项目要求发光管 LED 要在暗状态下点亮，电路需要怎样连接？

（3）若有项目需要在环境亮和暗的情况下，都需有发光管 LED 发光指示，电路该怎样连接才能实现？

（4）将上述（3）的内容要求，动手在实验板上实现。

## 例十四　神奇的光控延时电子开关制作（□、☆）

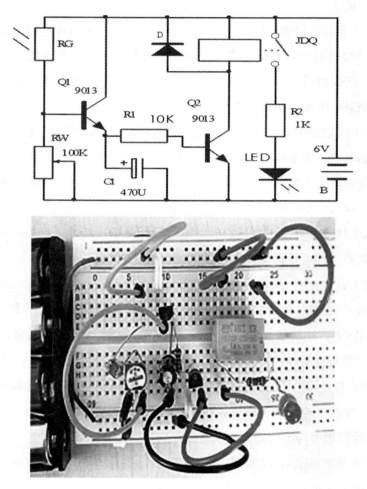

图 2-14-1

　　※ **电路原理**：这是一个电路工作原理与上例基本相同的光控延时电子
开关电路，两个电路中唯一的区别是，在 Q1 的发射极 e 和地之间连接了一
个电容 C1，但是，这个电容 C1 的加入，给电路的工作状态所带来的变化
却不那么简单。

加入了电容 C1 的电路不再是：有光照继电器就吸合，LED 就点亮；无光照继电器就断开，LED 就处在暗的状态。而是从有光照转变成无光照后，继电器和 LED 在继续保持原来的状态一段时间后，它们的状态才会发生变化。也就是说，原来的光控电子开关就转变为具有延时功能的光控延时电子开关了。光控延时电子开关原理图和实验板图见图 2-14-1。

光控延时电子开关电路的工作原理：在将电容 C1 加在三极管 Q1 的 e 极与地之间后，三极管 Q1 与电容 C1、电阻 R1 和三极管 Q2 的 b-e 结，就形成了一个充、放电回路。当光敏电阻 RG 在无光照状态时，Q1 截止，电容 C1 两端无电压产生，Q2 也处于截止状态，继电器不工作。

而当光敏电阻 RG 被光线照射时，Q1 导通，电源电压通过 Q1 的 c-e 结对电容 C1 充电，同时通过电阻 R1 驱使 Q2 导通，这时，继电器 JDQ 吸合，LED 被点亮。

而当 RG 再回到暗状态时，三极管 Q1 就不再导通了，它再次回到了截止状态。但这时，电容 C1 两端的电压已被充至接近电源电压，并继续通过电阻 R1 向 Q2 的 b 极供电，Q2 继续保持饱和导通状态，继电器继续吸合，发光管 LED 持续点亮。此后，随着电容 C1 的放电，电容 C1 两端的电压逐渐开始降低，当 C1 两端电压通过电阻 R1 加在 Q2 的 b 极电压，低于三极管的导通电压时，Q2 就退出饱和状态，进入截止状态，继电器 JDQ 释放，LED 熄灭。

这个电容 C1 放电的过程，就是光控延时开关延时的过程，若要调整电路延时时间，适当增减电容 C1 的电容量和 R1 的电阻值即可实现。

※ **实践步骤：**

（1）本例的所有安装、调试的实践步骤均与上例相同，不再介绍。

（2）完成光控延时电子开关在面包板上的实验。

※ **发散思考与练习提高：**

（1）光控延时电子开关适合应用在哪些场合？

（2）电路延时功能是利用了电容的什么特性？

（3）如果要用光控延时电子开关控制电灯，该如何连接线路？画出连接电灯电路的示意图。

## 例十五　"麦霸"微型调频无线话筒制作（□、☆）

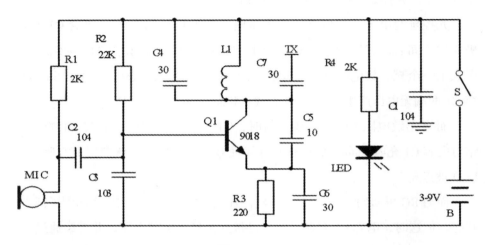

图 2-15-1

※ **电路原理：** 这是一个调频无线话筒的发射电路，原理图见图 2-15-1。

调频无线话筒的基本原理，是先将声音信号变成音频电信号，再拿这个电信号去调制电子振荡器产生的高频信号，最后，将被调制的高频信号通过天线发射到空中传播。为了制作简单、使用方便，本制作将发射频率设置在 FM 调频收音机的波段，在安装使用时，配合任何 FM 收音机，都能接收到这个高频信号，并通过收音机将其还原成声音信号。

调频无线话筒的电路结构：它主要是由麦克风 MIC 和高频三极管 Q1，以及电容 C3、C4、C5 组成的电容三点式高频振荡器组成。电容 C2 是耦合电容，由它将 MIC 产生的电信号传送到 Q1 的 b 极，C3 用来对高频信号进行滤波。三极管 Q1 的 c 极负载 C4 和 L 组成一个谐振器（L 是空芯电感，是用 Φ0.5mm~0.65mm 的漆包线在 Φ3mm~4mm 的圆柱上，绕制 4~5 圈而成），谐振频率就是调频话筒的发射频率。电阻 R2 是三极管 Q1 的 b 极偏置电阻，它给三极管提供一定的 b 极电流，使 Q1 工作在放大区，R3 是直流负反馈电阻，起到稳定三极管工作点的作用，并和 C6 共同起到了高频信号负载的作用，也是整个高频振荡回路的一部分。

C4 和 L1 组成并联谐振回路，起着调节振荡频率的作用，改变 C4 的容量、线圈 L1 的直径、间距、匝数，均可改变发射频率。

C5 是反馈电容是电路起振的关键元件。因为在高频状态下，这是一个共基极放大电路，三极管 Q 的 c 极是输出，e 极是输入，输出信号通过 C5 加到输入端，就产生了强烈的正反馈，电路就开始起振，这也是典型的电容三点式振荡电路。

这种调频话筒的调频原理，是通过改变三极管的 b 极和 e 极之间电容来实现调频的。当声音电压信号加到三极管 Q 的 b 极上时，三极管的 b 极和 e 极之间电容会随着声音电压信号大小发生同步的变化，同时使三极管的发射频率发生变化，实现对频率的调制。微型无线话筒的印制板和组装后的实物见图 2-15-2。

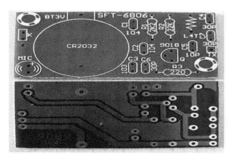

图 2-15-2

话筒 MIC 用以采集声音信号，这里使用的是驻极体话筒，其灵敏度非常高，可以采集微弱的声音。同时这种话筒工作时必须要有直流偏压才能工作，电阻 R1 可以提供一定的直流偏压，R1 的阻值越大，话筒采集声音的灵敏度越弱。电阻越小话筒的灵敏度越高，话筒采集到的交流声音信号通过 C2 耦合送到三极管 Q1 的 b 极，做频率调制之用。发射信号通过 C7 耦合到天线上再发射出去。

依照原理图中元件参数制作的无线话筒，其发射频率可以选择在 88MHz~108MHz 之间，正好覆盖调频收音机的接收频率，通过调整线圈 L1

的数值，可以方便地改变发射频率，以避开调频电台的干扰。

※ **实践步骤：**

（1）本例可选择在实验面包板上进行，也可直接选用定制印制板制作，此处采用在定制印制板上实验。

（2）依照电原理图将所需元器件准备好后，根据印制板上标识的字符，将元器件按"先小后大"的原则，完成在印制板上安装、焊接工作。

（3）全部元器件焊接完成后，接下来的是振荡频率的调试。首先，同时打开 FM 收音机（手机也有此功能）和无线话筒的电源，然后，手持话筒，一边用嘴对着话筒吹气或说话，一边用收音机不断地搜台，直到收音机里传出自己的声音为止。

（4）由于电子元器件的数值误差会造成发射频率的不同，若在整个频段（88MHz~108MHz）仍收不到自己的声音，则可以细心地用无感工具（竹、木类）拨动振荡线圈 L 的间距，以此来改变振荡频率（只需拉开或缩小匝、线间的距离）。

（5）若调整匝线间距还不奏效，则可将电感 L 焊下来，给它增加或减少一匝，再焊接上去，继续上述调整，直至接收到自己的声音为止。

（6）若想要增大发射距离，可在天线 TX 处，另外焊接一根导线作为天线，具体长度可根据调试时的效果而定。

（7）要注意，由于无线话筒是工作在高频振荡状态下，因此，元器件的安装位置、导线之间的缠绕和电感线圈的松紧度等，都会对发射频率和接收效果产生影响。尤其是在用面包板做实验的过程中，元器件和导线之间的连接，应尽可能短，以避免产生干扰。天线 TX 可以使用一截长度为10cm~20cm 的导线替代，在调试时，最好将天线竖直向上，以保证最好的发射质量。

（8）按照图 2-15-1 元件参数组装的无线话筒，发射频率大约在90MHz 左右，故在调试时，应将接收装置设置在此频率附近，通过调节电感 L1 圆圈之间的松紧度，可以调节发射频率，本机的发射距离大约在几十米左右。

（9）在一定的距离内，可以通过调频无线话筒清晰地传送声音，即实现了实验目标，实验结束。

**※ 发散思考与练习提高：**

（1）结合三极管参数表（表1-2-4）思考：为什么在本电路中三极管 Q，一定要选用9018，它与其他三极管参数的主要差别是什么？

（2）在电路中，电容 C1、R4 和 LED 各起什么作用？

（3）动手实践，根据自己试验的结果，得出天线的最佳长度。

## 例十六　低频小功率 OTL 放大器制作（□、☆）

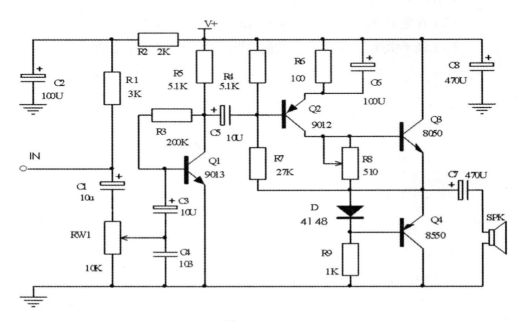

图 2-16-1

**※ 电路原理**：这是一个低频小功率 OTL 放大器原理图见图 2-16-1。

由于在实际生活中，许多微弱的信号都难以直接利用，只有通过一定的手段对其进行放大之后，才可以为我们所用，声音信号就是其中的一种。放大声音信号有许多种电路形式，而 OTL 放大器就是其中的一种。

OTL 的意思是：无变压器推挽放大输出电路，推挽电路实际上是由两个极性相反的三极管组成的放大器，是对信号进行一推一挽放大形式的描述，即：Q2 的 c 极输出信号的正半波时，Q3 导通（NPN）、Q4 截止，当 Q2 输出负半波时，Q4 导通（PNP）、Q3 截止。就这样，Q3 和 Q4 它们一个放大正半波，一个放大负半波，一推一挽地完成了全波功率放大。

OTL 电路不使用输出变压器，而采用输出电容与负载连接的互补对称功率放大电路，使电路轻便、适于电路的集成化，只要输出电容的容量足够大，电路的频率特性也能保证，是目前常见的一种功率放大电路。它的特点是：采用单电源工作，输出采用互补对称电路（NPN、PNP 极性相反、参数一致），电路简单、体积小。

本 OTL 放大电路的工作过程：音频信号由输入端 IN 进入（也可将驻极体话筒 MIC 安装在此，此时 R1、R2 可为 MIC 的偏置电阻），经过电容 C1、电位器 RW 和电容 C3 耦合到三极管 Q1 的 b 极进行放大，电位器 RW 用以调节音量，R3 为负反馈电阻，用以稳定放大器的工作状态，R4 为 Q1 的负载电阻。C4 起高频滤波作用，将各种高频杂波滤除。

经 Q1 放大后的信号，经过 C5 的耦合，送到由 Q2 组成的电压放大推动级。Q2 与 Q3、Q4 为直接耦合，R5 与 R7 为 Q2 的偏置电阻，其中 R7 既有偏置作用，也是负反馈电阻。R6 为 Q2 的 e 极负反馈电阻，起着稳定直流工作状态的作用，而 C6 则为交流信号提供了通路，以避免衰减被放大的信号。

Q3、Q4 这两个不同极性的三极管组成了推挽功率放大器，分别承担放大正、负半周的交流信号。D1、R8、R9 作为 Q2 的负载电阻，调整 R8 的阻值大小，可以改变 Q3 和 Q4 的静态工作电流。由于二极管 D1 的温度特性与三极管相近，故而可以起到温度补偿的作用，使电路工作更加稳定。C7 是起着隔直流、通交流作用的输出电容，R2、C2 是滤波电路，是为了防止后级在大电流引起的电源波动时，对输入端产生影响而设，C8 起电源滤波作用。

※ **实践步骤：**

（1）本例可选择在实验面包板上进行实验，也可直接选用定制印制板制作，此处采用在面包板上实验。

（2）依照电原理图将所需元器件准备好后，再按"从左至右"的安装方法，将各元器件安装、连接在面包板上，最后连接电源。

（3）经过检查并确认安装、连接无误后，接通电源，开始测试。

（4）在电源接通后，本电路调试的关键点，就是输出电容 C7 的正极和 Q3、Q4 发射极相连接的点，此点正确的电压应该为 1/2Vcc。若电源电压为 6V，则此点电压应为 3V，若电压有偏离，则可通过适当调整 R7 的阻值来纠正。

（5）放大器的失真度是一项重要指标，在有条件的情况下，可采用音频信号发生器和示波器来测试，测试时，先从信号的输入端 IN 接入音频信号，再用示波器观察放大器的输出端（扬声器端）的波形，然后，将输出信号与输入信号进行对比，观察波形有无失真（严格地说，所有的放大器都会有失真），若发现失真严重，则采取从后往前逐级测试的方法测试，用示波器测试完扬声器两端的波形后，再依次测 Q2、Q1 的 c 极波形，以此来发现放大器出现失真的情况发生在哪一级，再进行分析和调整。

（6）在没有示波器测试的条件下，对放大器的失真度调试，关键就是要确保输出电容 C7 的正端电压 =1/2Vcc 即可。

（7）整机电流也是信号放大器的一项重要指标。因为，若整机电流过大，电路中的元器件会发烫，也会增大电源损耗；若电流过小，可能会造成工作点不稳定，失真的情况发生。本电路的静态工作电流最好为 10mA 左右，若有偏离，可通过调节电位器 R8 来解决。

（7）当上述静态电压、电流调整正确之后，即可开始音频信号放大测试。先在电路的输入端 IN 处，安装一个驻极体话筒 MIC，或者用手机做信号源，然后，通过放大器输出的声音来鉴别放大器音量的大小和音质的好坏。

（8）若放大器发出的声音基本正常，则说明本电路调试成功，实验结束。

※ 发散思考与练习提高：

（1）在没有 MIC 和信号源的情况下，怎样能知道电路是否在工作？

（2）如果失真出现在 Q1 的 c 极，该怎样调整电路才能改善失真状况？

预备知识 Y-2：红外线发射与接收器

（一）红外遥控的概述

红外线的光谱位于红色光之外，波长是 $0.76\mu m \sim 1.5\mu m$，比红光的波长还长。红外遥控是利用红外线进行传递信息的一种控制方式，红外遥控具有抗干扰、电路简单、容易编码和解码、功耗小、成本低的优点。红外遥控几乎适用所有家电的控制。

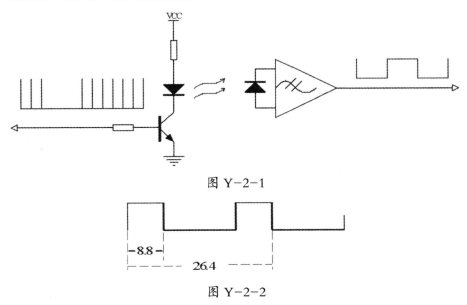

图 Y-2-1

图 Y-2-2

（二）红外遥控系统结构

红外遥控系统的主要部分为调制、发射和接收两个部分，红外线发射和接收的原理图见图 Y-2-1。

1. 调制红外遥控是以调制的方式发射数据，就是把数据和一定频率的载波进行"与"操作，这样既可以提高发射效率又可以降低电源功耗。红外线遥控系统的调制载波频率一般在 30KHz~60KHz 之间，大多数使用的是 38KHz，占空比 1/3 的方波，如图 Y-2-2 所示，这是由发射端所使用的455KHz 晶振决定的。发射器要在发射端对晶振进行整数分频，分频系数一般取 12，所以 455KHz ÷ 12 ≈ 37.9KHz ≈ 38KHz。

2. 发射系统 目前有很多种芯片可以实现红外发射，可以根据选择发出不同种类的编码。由于发射系统一般用电池供电，这就要求芯片的功耗要很低，芯片大多都设计成可以处于休眠状态，当有按键按下时才工作，这样可以降低功耗。

红外线通过红外发光二极管（LED）发射出去，红外发光二极管（红外发射管）内部构造与普通的发光二极管基本相同，材料和普通发光二极管不同，在红外发射管两端施加一定电压时，它发出的是红外线而不是可见光。

3. 一体化红外接收头 红外信号收发系统的典型电路如图 Y–2–1 所示，红外接收电路通常被厂家集成在一个元件中，成为一体化红外接收头。

红外接收头的内部电路包括红外监测二极管，放大器，限副器，带通滤波器，积分电路，比较器等。红外监测二极管监测到红外信号，然后把信号送到放大器和限幅器，限幅器把脉冲幅度控制在一定的水平，而不论红外发射器和接收器的距离远近。交流信号进入带通滤波器，带通滤波器可以通过 30KHz~60KHz 的负载波，通过解调电路和积分电路进入比较器，比较器输出高低电平，还原出发射端的信号波形。注意输出的高低电平和发射端是反相的，这样做的目的是为了提高接收的灵敏度。一体化红外接收头 IRM3638 及部分小型接收头的外形、引脚排列和符号图见图 Y–2–3。

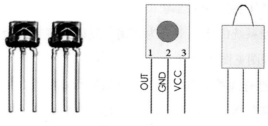

图 Y–2–3

红外接收头的种类很多，引脚定义也不相同，一般都有三个引脚，包括供电脚，接地和信号输出脚。在实际应用时，应根据发射端调制载波的不同,选用相应解调频率的接收头为宜。红外接收头内部放大器的增益很大,很容易引起干扰,因此在接收头的供电脚上须加上滤波电容,一般在 $22\mu f$ 以上。红外线接收头的典型测试方法见图 Y-2-4。

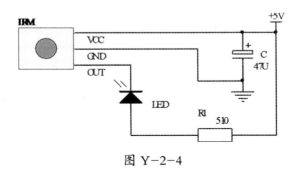

图 Y-2-4

有的厂家建议在供电脚和电源之间接入 $330\Omega$ 电阻,进一步降低电源干扰。 红外发射器可从遥控器厂家定制,也可以自己用单片机的 PWM 产生,家庭遥控推荐使用红外发射管(L5IR4-45)的可产生 37.91KHz 的 PWM, PWM 占空比设置为 1/3, 通过简单的定时中断开关 PWM, 即可产生发射波形。

## 例十七　红外线遥控开关制作（□、☆）

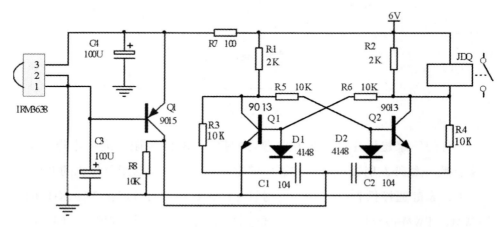

图 2-17-1

※ **电路原理：**

红外线控制的开关电路原理图，见图 2-17-1。它是由红外线接收头和双稳态电路组成的红外线遥控开关电路，它的工作过程如下：当红外接收头收到红外信号后，由接收头 IR 的引脚①输出经过解调的 38K 脉冲信号，送至 Q1 的基极。由于 Q1 的基极并联着电容 C3，使得 Q1 基极上的电压降低，并去除了脉冲波的影响（C1 去交流），由 Q1 的 C 极输出脉冲，送至后级的双稳态电路，再由双稳态电路控制并驱动继电器动作，从而完成红外线对开关的遥控。

红外线发射器可以采用任何一款电视机、空调器、电扇等的遥控器，只要按动遥控器的任何按钮，红外遥控开关就会动作。

※ **实践步骤：**

（1）本例可选择在实验面包板或实验印制板上进行，也可直接选用定制印制板制作，此处采用在面包板上实验。

（2）依照电原理图将所需元器件准备好后，再按"从左至右"的安装方法，将各元器件安装、连接在面包板上，最后连接电源。

（3）经过检查并确认安装、连接无误后，接通电源，开始测试。

（4）用电视机遥控器对准红外线接收管的正面，按动任何一个按键后，观看或耳听继电器的动作（将继电器的开关 S 连接一个电阻串接的发光管，以便于调试时观察）。

（5）若出现状态不稳定的情况（继电器吸合跳动），可适当增大电容 C3 的容量或增减电阻 R8 的阻值，避免交流信号进入后级。

（6）此遥控开关控制距离大约 20M 以内，在调试时要注意，遥控器的发射角度，一般不可超过 45° 范围，否则，会影响开关控制。

（7）若遥控情况正常，则说明本电路调试成功，实验结束。

**※ 发散思考与练习提高：**

红外线遥控为什么要采用信号调制的方式进行？

第三章
兴趣增长篇

# 第一节
# 本章概述

在经过"乐趣开始篇"的学习实践后，再进入到"兴趣增长篇"就有了一定的理论和实践基础。本章的制作实践活动，开始渐渐引入集成电路和分立元件共同组成的混合电路学习和实践较为复杂的电路功能，使制作活动增加更多的知识，充满更多的乐趣。

同时，由于引入的内容较多，相关的知识点也会有很大的增加，所以，对制作者的要求也更高，只有更加深入学习，多加思考，深刻理解，动手实践，才能很好地掌握这些知识。

# 第二节
# 混合电路制作实践

预备知识 Y-3：集成电路简介

集成电路（IC）是一种高度集成的电子器件，它是通过采用一定的工艺，把一个电路中所需的晶体管、电阻、电容和电感等元件及布线互连在一起并制作在一小块或几小块半导体晶片或介质基片上，然后封装在一个管壳内，成为具有所需电路功能的微型结构。部分集成电路的外形见图 Y-2-1。

图 Y-3-1

集成电路有很多分类，一般而言，根据集成电路处理信号的模式，分为：数字电路和模拟电路；根据封装方式，分为：塑封、金属、陶瓷；根据集成度的高低，分为：大规模、中规模、小规模；根据使用对象，分为：军用、工业用和民用等。总之，集成电路在军工、自动化、航空、通信等各方面，都得到了非常广泛的使用，而且，设计和制造集成电路的能力，已经成为一个国家科技能力的重要标志。

　　尽管集成电路的功能非常强大，但究其根源，这些都离不开基础电子技术的原理。因此，掌握电子电路基础知识，对提高学生的知识能力，进行科学探索和创造，都会有着重要的作用。


　　预备知识 Y-4：三端稳压器介绍

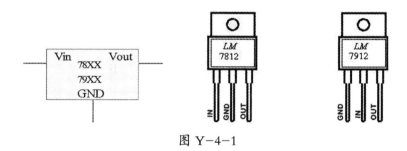

图 Y-4-1

　　三端稳压器一般用于直流电路中，起到降压、稳压作用的集成电路。三端稳压器，主要有两种，一种输出电压是固定的，称为固定输出三端稳压器。另一种输出电压是可调的，称为可调输出三端稳压器，其基本原理相同，均采用串联稳压的原理。在线性集成稳压器中，由于三端稳压器只有三个引出端子，具有外接元件少，使用方便，性能稳定，价格低廉等优点，因而得到广泛应用。固定电压输出的三端稳压器的符号和外形见图 Y-4-1。

　　常用三端稳压器输出固定电压的 78 系列和 79 系列，78 系列和 79 系列的前面两位数，表示输出电压的正负极性，如 78XX 代表的都是正电压输出，79XX 代表的都是负电压输出，而后面两位数代表的是输出电压的大小，如 7805 表示输出电压为 +5V/1A，而 7912 则表示输出为 -12V/1A。为了维持电压的稳定，三端稳压器的输入电压，一般要高出输出电压 2V 以上，但也不要超过太多。78、79 后面经常出现 L 或 H 或空白代表额定电流，如 78L12 代表输出为 +12V/0.5A。

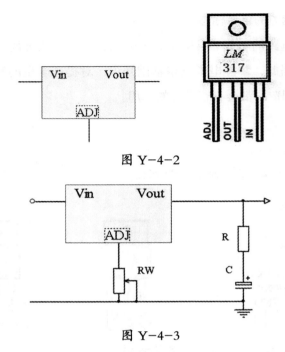

图 Y-4-2

图 Y-4-3

　　输出电压可调的三端稳压器符号和外形见图 Y-4-2。常用的可调的三端稳压器型号有 LM317、LM217、LM117 等，它与输出固定电压的 78、79 系列三端稳压器不同，它的输出电压可以在 1.2V~37V 之间可调，一般是在三端稳压器的引脚 ADJ 端，对地连接一个电位器或电阻，通过改变电位器或电阻的分压比，来达到改变输出电压值的目的。LM317 典型应用见图 Y-4-3。

　　一般三端稳压器的输出电流标称值，都是在有条件的情况下，即：要求三端稳压器必须满足在一定散热面积的条件下才能达到的。因此，在使用中，要充分考虑三端稳压器散热片面积的影响。

　　总之，三端稳压器的应用非常简单容易，学生可以根据自己的需要来选择使用。

## 例十八　带有 ±12V 二组电源输出的稳压电源制作( □、☆ )

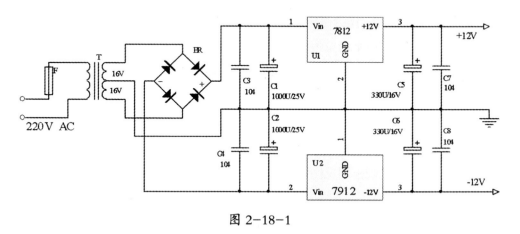

图 2-18-1

**※ 电路原理:** 这是一个用三端固定稳压器制作的输出为 ±12V/1A 的直流稳压电源电路图,见图 2-18-1。

电源的工作过程如下:220V 交流市电通过插头和保险丝 F 进入变压器 T 的初级,通过变压器 T 的磁场感应,在变压器 T 的次级输出两组大小相等,极性相反的交流电压。此时,将两组交流电压引到整流桥 BR 的交流输入两端,再将变压器 T 的次级中间抽头接地,这样就可以从整流桥的另外两端,得到两组电压相同,极性相反的脉动直流电压。

再将经过整流的正极性直流电压一侧接入滤波电容 C1 和 C3,将负极性直流电压一侧接入滤波电容 C2 和 C4 后,就得到了两组极性相反,绝对值相等的直流电压。这时的直流电压交流脉动成分很小,基本能够符合使用要求。

但是,此时整流出的电压不但高于所需要的电压,而且还会随输入电压和负载变化而变化,还不是所需要的电压,因为,经过整流滤波后的直流电压值约为变压器次级电压的 1.4 倍,即:16V × 1.4=22.4V,所以,这时的电压远远高于所需要的 ±12V，而是高达 ±22.4V。尤其是，没有经过稳压的直流电压也很不稳定，容易发生上下波动。因此，此时不但需要将过高的电压降下来，而且还需要根据使用要求，将电压稳定在一个固定值上，并且让输出电压不会随输入电压和负载变化而变化。

于是，在整流后的直流电路中，引入了具有自身电压调节功能的三端稳压器 7812 和 7912，作为稳定电压的调整模块，来应对变化的电压和负载，使输出电压保持在一个动态恒定值上，这样就可以达到使用要求了。

经过了三端稳压器稳压的直流电源，不但能使输出电压达到额定值，而且电压稳定性也很好，但为了使滤波效果更好，在两组电压的输出端，再分别接入滤波电容 C5、C6 和 C7、C8。至此，两组极性相反，电压幅度相同的 ±12V 直流稳压电源就完全可以满足使用要求了。输出为 ±12V/1A 的直流稳压电源实验板图见图 2-18-2。

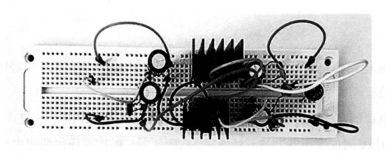

图 2-18-2

※ **实践步骤：**（因为本实验涉及接触 220V 交流电压，故应在指导教师的指导和监督下进行）

（1）本例可选择在面包板上或定制印制板上实验，此处采用在面包板上实验。

（2）在选择电源变压器时注意，需要考虑的问题有：所需直流电源的电压、电流的大小（即功率大小）、变压器初、次级电压的大小（初级电压为 220V，次级电压为 13V~15V）、次级输出绕组数（本电路需要双绕组，即双 13V~15V）等。

（3）当开始在面包板上搭建实验电路时，先把变压器放在一边，依照电原理图将所需元器件准备好后，按照以核心元器件为中心的方式，将两个三端稳压器 7812 和 7912 分别对称地安放在面包板上，然后，再将各相关元器件与稳压器相连接。

（4）由于直流电源在工作时电流相对较大，所以，在安装时特别需要将各元器件和导线安装紧密、结实，以防虚接导致工作不正常。

（5）待面包板上的元器件安装连接完毕，经检查无误后，开始安装和连接电源变压器。首先，分辨出变压器的初次级（二根线的是初级，三根线的是次级），然后，将变压器次级的中心抽头连接在面包板上的电源地，再将另外两个抽头分别连接在整流桥的两个交流输入端。

在变压器的次级连接完毕后，用一对准备用以连接 220V 电源的电源线与变压器的两根初级导线焊接好，并分别用热缩管将焊接处包裹上（注：热缩管需要加热），在热缩管外再用绝缘胶带包裹一层，以防触电。

（6）全面检查元器件安装、连接情况，尤其要注意：电解电容的极性有没有装反、变压器初级的绝缘情况、整流桥的安装极性等。

（7）在上述工作完成后，就可以接通电源，开始测试了。首先，将万用表设置在直流电压档 V− 上，然后，将黑表笔接地，再用红表笔分别测试 ± 12V 的输出端，此时，+12V 输出端电压应显示 12.00V 左右的电压；−12V 输出端电压应显示 −12.00V 左右的电压，当测试结果符合上述情况，则说明电源工作正常，实验可以结束（有条件的情况下，还应做负载测试）。

（8）由于本电源实验是在面包板上进行，面包板上的元器件和导线之间的连接往往不够紧密，加之三端稳压器上都没有安装散热器，所以，只适合做小电流的测试（小于 100mA），过大的电流会造成三端稳压器过热烧毁。

（9）若两组电压输出正常，说明电源制作成功，实验结束。

※ **发散思考与练习提高：**

（1）整流桥可以用什么元件取代，怎样连接？

（2）−12V 电源可以当 +12V 电源用吗，怎样使用？

（3）若需要将这个输出为 ± 12V 的电源改装成输出电压 +24V/1A 的电源可以吗？如果可以，怎样连接可以实现？

预备知识 Y-5：数字电路和模拟电路

1．数字电路

（1）用三极管的工作状态来区分：一般而言，三极管工作在饱和和截止区的状态，根据其输出的电平高、低，将低电平状态，称为数字 0 状态，将高电平状态，称作数字 1 状态，这就是数字电路的两个基本状态 0 和 1。

（2）处理信号的方式来区分：因为数字电路只有两个数，0 和 1，所以，数字电路的内容，是通过不同的 0 和 1 组合来表达的。

（3）用数字信号完成对数字量进行算术运算和逻辑运算的电路称为数字电路。逻辑门是数字逻辑电路的基本单元。存储器是用来存储数据的数字电路。

数字电路的特点：电路结构简单，稳定可靠。数字电路只要能区分高电平和低电平即可，对元件的精度要求不高，因此有利于实现数字电路集成化。数字信号在传递时采用高、低电平两个值，因此数字电路抗干扰能力强，不易受外界干扰。数字电路不仅能完成数值运算，还可以进行逻辑运算和判断。数字电路中元件处于开关状态，功耗较少。

2．模拟电路

（1）三极管工作在放大区的状态，称为模拟或线性状态。

（2）模拟电路的输入与输出有固定的函数关系，可以按比例增大或减少。

（3）模拟电路是对原信号的直接处理，而数字电路是对原信号变形后的复原。

数字电路与模拟电路在实际应用中，是互相兼容和统一的，实际上，数字电路的制作中，就包含着模拟电路的功能，而且绝大部分数字电路要处理的数据，也都是通过模拟电路采集的，所以，它们在使用中，经常也是互为匹配的。

　　三极管组成的共发射极放大电路，除了具有放大作用外，还具有反向的功能，也就是说，这种放大器具有输入与输出的相位相差$180^0$的特点，即：输入为 0 时，输出就为 1，反之，亦然成立。反相器就是具有类似三极管反相放大功能的集成电路，反相器主要应用在数字电路中，作为高、低电位的倒相、隔离、驱动之用。

　　CD4069 是由六个反相器电路组成的集成电路，它主要用作通用反相器，即用于不需要中功率 TTL 驱动和逻辑电平转换的电路中。CD4069 的外形和内部结构见图 Y-6-1，它的 6 个通用反向器都彼此独立，电压范围 3V~15V。但需要注意：在使用中，不使用的多余输入端不可空置，必须接电源、地或其他输入端。CD4069 的引脚功能见表 Y-6-1。

### 表 Y-6-1　CD4069 管脚功能

| 管脚序号 | 符号 | 功能 | 管脚序号 | 符号 | 功能 |
|---|---|---|---|---|---|
| 1 | 1A | 数据输入端 | 8 | 4Y | 数据输出端 |
| 2 | 1Y | 数据输出端 | 9 | 4A | 数据输入端 |
| 3 | 2A | 数据输入端 | 10 | 5Y | 数据输出端 |
| 4 | 2Y | 数据输出端 | 11 | 5A | 数据输入端 |
| 5 | 3A | 数据输入端 | 12 | 6Y | 数据输出端 |
| 6 | 3Y | 数据输出端 | 13 | 6A | 数据输入端 |
| 7 | Vss | 地 | 14 | VDD | 电源电压 |

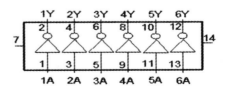

图 Y-6-1

## 例十九　CD4069 组成的低频信号发生器制作（□、△）

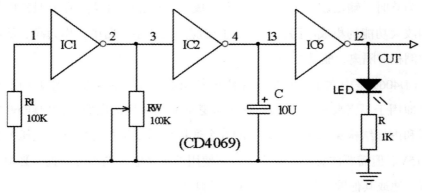

图 2-19-1

※ **电路原理：** 这是一个多谐振荡器原理图（低频信号发生器），它是用六反相器 CD4069 中的三个反相器连接而成，见图 2-19-1。

反相器构成的多谐振荡器是由 IC1 和 IC2 的两次 1800 倒相后，形成的 3600 自激振荡产生方波，再经过 IC6 的隔离、反相后，输出方波脉冲。

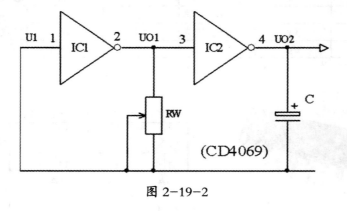

图 2-19-2

低频信号发生器的工作原理：为了介绍方便，这里把图 2-19-1 的原理图简化成图 2-19-2。从图 2-19-2 可以看出，UO1 和 UO2 分别是反相器 IC2

的输入和输出端，所以 UO1 和 UO2 的波形是反相的。当 UO1 为高电平，UO2 为低电平时，会有电流通过电阻 RW 给电容 C 充电。这段时间，电容对地的电压即 U1 在上升，当 U1 升到反相器 IC1 输入电压的高电平门限电压时，UO1 变低，同时 UO2 的电压由低电平跳变到高电平。U1（也即电容对地的电压）始终是电容两端的电压叠加上 UO2 的电压，所以 U1 电压也由"电容两端电压 + 低电平"变成了"电容两端电压 + 高电平"，发生了突变。

电容放电过程也类似。当 U1 因为电容放电，低到 IC1 的低电平的门限电压时，UO1 变高电平，UO2 变低电平。UO2 电平翻转之后，U1（电容两端电压 +UO2）发生了突变，由"电容两端电压 + 高电平"变成"电容两端电压 + 低电平"。一个周期结束后，电容又开始充电，整个过程电容两端电压没有突变过，但电容对地的电压在电容充放电转换过程中却发生了突变。就这样，信号发生器就在振荡器的不断翻转中产生了方波信号。

振荡器的振荡频率可以通过改变 RW 电位器和 C1 来调节。同时，为了避免后级负载对前级的影响，使振荡器工作的更加稳定，再将第三级反相器 IC6 引入，使其与前级隔离并对信号做整形处理，还可以驱动发光二极管 LED 闪烁发光。

多谐振荡器产生的方波信号，可以作为信号源用作测试、计数脉冲等场合使用。

注：信号发生器电路中的 6 个反相器可以任选使用，本例中使用的 IC1、IC2 和 IC6，是为在后面电路中的统一布线安排方便而选。信号发生器的实物安装图见图 2-19-3。

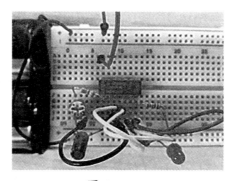

图 2-19-3

**※ 实践步骤：**

（1）本例可选择在实验面包板或实验印制板上进行，此处采用在面包板上实验。

（2）根据原理图将元器件准备好后，将 CD4069 电路安放在面包板的中心位置，并跨接在上、下部分的两侧，参看图 2-19-3，然后，依照原理图将各元器件安放、连接完毕。

（3）经检查元器件安放、连接无误后，接通电源，开始测试。

（4）当电源接通后，振荡器便开始工作，发光管 LED 被点亮闪动，这时，说明振荡器已经正常工作了。在业余状态下，我们可以通过观察发光管 LED 的闪亮速度，来了解振荡器的频率和工作情况。

振荡频率可以通过 LED 的闪动快慢来判断，并通过电位器 RW 来调节。但 LED 的闪动只有在频率较低的情况下才能看到，若频率过高，我们就看不出 LED 的闪动了。高频率下的 LED，看上去是一直保持着点亮的状态。

（5）在有条件的情况下，可以通过示波器来观看振荡器的波形，并根据波形计算出信号的频率、幅度等。

（6）信号发生器的输出端最好采用屏蔽线连接，这样可以减少信号干扰，避免测试错误发生。

**※ 发散思考与练习提高：**

（1）若需要将振荡频率提高，除了调节电位器 RW 外，还可以用什么方式实现？

（2）电位器 RW 的数值调节为 0Ω 的时候，电路会发生什么情况？

（3）这个低频信号发生器可以应用在哪里？

# 例二十　CD4069 电子逻辑笔制作（□）

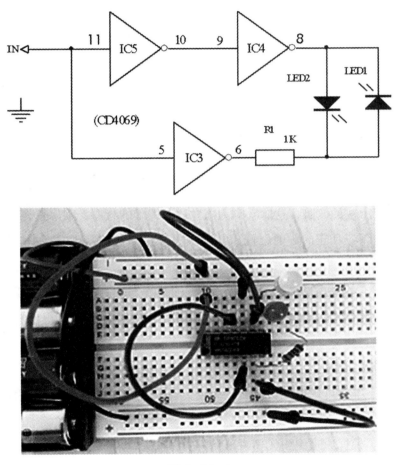

图 2-20-1

　　※ **电路原理：** 在实际工作中，经常需要用万用表来了解数字电路的逻辑状态，但由于主要关心的是电路的逻辑状态，即：高或低，1 或 0，而对电路某点的具体电压并不关心，如果使用万用表来测试数字电路的逻辑状态，就需要不停地用眼睛和大脑读取和分析显示数值，然后，再根据大脑

的分析来判断数字电路的逻辑状态。显然，这样的测试方式很不直观，既麻烦又增加了错误判断的风险。

逻辑笔就是一个定性的逻辑检测工具，它在检测时，通过 LED 的亮和暗就直接显示了实时的逻辑状态，无需再去分析和判断，使得检测工作变得十分简单、方便和直观，所以，逻辑笔在数字电路的测试、制作和维修中，是一个非常实用的工具。

图 2-20-1 是一个用 CD4069 的另外三个反相器制作的电子逻辑笔原理图，它的工作过程如下：当信号测试端 IN 接高电位，即 IC5 的⑪脚为 1 时，由于反相器的作用，⑩脚即为 0，IC4 的⑪脚同时，也接到了 IC3 的⑤脚，这时⑥脚为低电位，即 0，而发光管 LED2 这时是处在上正下负的正向导通位置，电流通过电阻 R1 使其被点亮。

若信号输入端 IN 为低电位，即 0 时，IC5 的⑪脚为 0，⑩脚为 1，IC4 的的⑧脚为低，即 0；与此同时，在信号输入端 IN 的 0 接入到 IC5 的⑪脚同时，也接到了 IC3 的⑤脚，这时⑥脚为高电位，即 1 的状态，刚好发光管 LED1 处于上负下正的正向导通位置，电流通过电阻 R1，使其被点亮。这就是逻辑笔的工作过程。

这样在检测电路时，只需将逻辑笔的地线与被测电路的地线相连，用逻辑笔的测试端去测试电路，然后，观察 LED 的显示，即可得出电路的正确逻辑状态。

**※ 实践步骤：**

（1）本例可选择在实验面包板或实验印制板上进行，此处采用在面包板上实验。

（2）根据原理图将元器件准备好后，将 CD4069 电路安放在面包板的中心位置，并跨接在上、下部分的两侧，参看图 2-20-1。然后，依照原理图将各元器件安放、连接完毕。为了便于逻辑状态的识别，建议安装的 LED1 和 LED2 分别采用不同颜色为宜。

（3）经检查元器件安放、连接无误后，接通电源，开始测试。

（4）先将逻辑笔测试端 IN 接电源"+"端，观察测试高电位时，发光管的点亮情况，根据原理图的分析，此时，发光管 LED2 应该被点亮；然后，再将逻辑笔测试端 IN 接电源地，观察测试低电位时，发光管的点亮情况，根据原理图的分析，此时，发光管 LED1 应该被点亮。

（5）按照上述方法测试结果，若都符合电路要求，则证明逻辑笔制作成功。

（6）需要注意的是，逻辑笔在空置状态（非测试状态），会出现不稳定状态，即：LED1 和 LED2 有时会同时点亮。出现这种情况不必担心，这是因为信号干扰和状态不确定所致，并不影响测试，只要将逻辑笔的测试端接入到测试点，发光管就会正常显示。

（7）逻辑笔的输入端测试线，最好采用屏蔽线，这样可以更好地减少外界信号干扰，避免测试错误发生。

**※ 发散思考与练习提高：**

（1）可否采用除 LED 外的其他方法，来表示逻辑测量结果？

（2）假设在逻辑笔的输入端分别输入 1 和 0 两个状态，试分析逻辑笔电路中 LED1 和 LED2 的点亮过程。

（3）若出现 LED1 和 LED2 两个发光管都亮的状态，试分析原因。

## 例二十一　输出电压可调型直流稳压电源制作（□、☆）

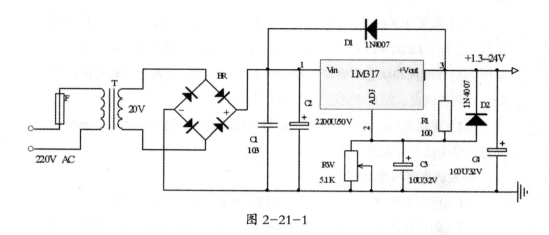

图 2-21-1

　　※ **电路原理：** 这是一个将 220V 交流电压转换为 1.3V–24V 的直流稳压电源原理图，见图 2-21-1。这个稳压电源主要是由电源变压器 T、桥式整流器 BR、电源滤波器 C1–C4 和电源调整模块 LM317 组成。

　　稳压电源的构成和工作原理如下：电源变压器 T 是根据交变磁场互感的原理，将两组导线绕制在同一个高导磁率的材料上，次级线圈的电压是由初级线圈中流过的交变电流所产生的磁场感应而来，次级电压的高低与初、次级之间的线圈匝数成比例，即 $U_初/U_次=N_初/N_次$。（$U_初$ 为初级电压、$U_次$ 为次级电压、$N_初$ 为初级线圈匝数、$N_次$ 为次级线圈匝数），本电源使用的变压器为降压变压器。

　　变压器的次级连接在整流桥 BR 的两端，整流桥 BR 的内部构造，就等于是将四只整流二极管按照桥式整流电路的形式，将彼此相连接后，封装在同一个壳体中的器件。当交流电压从变压器 T 的次级输出后，通过整流桥 BR 的整流效应，就从整流桥输出了脉动直流电压。

　　因为整流后的电压中还有很大的交流成分，并不能直接当作直流电压利用，还需再经过电容器的滤波，才能得到较为平直的直流电压和电流。所以，在电路中加入了电容 C1 和 C2 的滤波后，直流电压就去除了脉动的干扰，变得完全平直了。

这时候，虽然电压波形的平直性解决了，但它的电压稳定性并不好，它还会随着输入电压的变化和输出负载的变化而变化，所以，依然不能符合使用要求。

另外，由于各种用电器的不同，他们对直流电源电压的要求也不一样，固定的一种电压输出，并不能满足所有用电器的需要。因此，这个电压还需要进行稳压和调压的过程，使电源输出的直流电压，既不会随输入电压和负载电阻的变化而变化，还能达到让输出电压在一定范围内可以调整的目的。

LM317 就是这样一种具备调压和稳压的电源调整模块。实际上，它是将数十个乃至数百个三极管、二极管集合在一起组成的电路，并把它们集成在一个小小的硅片上，来实现稳压和调压功能的，其原理与分立元件组成的串联直流稳压电源原理基本相同。但由于它体积小和设计精度的提高，使得电源制作得以大大地简化。

LM317 有多种型号，本实验所用的 LM317 输出电流为 1.5A，输出电压可在 1.20V~37V 之间连续调节，其输出电压由两只外接电阻 R1 和 RW 决定，输出端和调整端之间的电压差为 1.25V，这个电压会产生几毫安的电流，经 R1、RW 到地，在 RW 上分得的电压加到调整端，通过改变电位器 RW 的值，就能改变输出电压。电阻 R1 是电压取样电阻，它将变化的输出电压反馈到三端稳压器的"ADJ"端后，经过 IC 内部的调整，使输出电压稳定下来。

LM317 在不加散热器时最大功耗为 2W，加上 $200 \times 200 \times 4mm$ 散热板时其最大功耗可达 15W。电容 C3、C4 是为了进一步提高滤波效果而设，D1（IN4007）为保护二极管，防止稳压器输出端短路而损坏 IC，D2（IN4007）用于防止输入短路而损坏集成电路。

本电源在制作完成后，可以替代在电子制作中需要使用的电池盒，也可用作其它各种需要直流电的场合。

※ **实践步骤：**（因为本实验涉及接触 220V 交流电压，故应在指导教师的指导和监督下进行）

（1）本例可选择在实验面包板上进行实验，也可直接选用定制印制板制作，此处采用在面包板上实验。

（2）在选择电源变压器时需要考虑的问题有：所需直流电源的电压、电流的大小（即功率大小）、变压器初、次级电压的大小（初级电压为220V，次级电压为 20V）、次级输出绕组数（本电路需要单绕组，即交流20V）等。

（3）实验时，先把变压器放在一边，依照电原理图将所需元器件准备好后，按照从左至右的方式，将三端稳压器 LM317 安放在面包板上，然后，再将各相关元器件与三端稳压器相连接。

（4）由于直流电源在工作时电流相对较大，所以，在安装时特别需要将各元器件和导线安装紧密、结实，以防虚接导致工作不正常。

（5）待面包板上的元器件安装连接完毕，经检查无误后，开始安装和连接电源变压器。首先，需要分辨出变压器的初、次级（一般变压器上画有标识），然后，将变压器次级的两根连线分别接到整流桥的两个交流输入端。

在变压器的次级连线连接完毕后，再用一对准备连接 220V 电源的电源线与变压器初级的两根导线焊接好，并分别用热缩管将焊接处包裹上，最好在热缩管外再用绝缘胶带包裹一层，以防触电。

（6）全面检查元器件安装、连接情况，尤其要注意电解电容的极性有没有装反，变压器初级的绝缘情况，整流桥的安装极性等。

（7）在上述工作完成后，就可以启动电源，开始测试了。首先，将万用表设置在直流电压档 V– 上，然后，将黑表笔接地，再用红表笔连接在直流电压的输出端，此时接通电源，在观察万用表显示数值的同时，将电位器从左至右旋转。这时，安装正确的电源状态应该是：万用表显示的电压值随着电位器的旋转，应该从 +1.20V 逐渐增高，直到升至 +24V 左右的数值，通过调节电位器可以平滑地得到所需的电压。

（8）由于本电源实验是在面包板上进行，面包板上的元器件和导线之间的连接往往不够紧密，加之"三端稳压器"上都没有安装散热器，所以，只适合做小电流的测试（小于 100mA），过大的电流会造成三端稳压器过热烧毁。

（9）当测试结果符合上述情况，则说明电源工作正常，实验可以结束（有条件的情况下，还应做负载测试）。

**※ 发散思考与练习提高：**

（1）动手制作一台功率为输出 1.5V~20V/20W 的直流稳压电源，电源变压器的功率应为多少？变压器的次级电压应为多少？

（2）试分析整流桥整流的过程和原理。

（3）试分析保护二极管 D1、D2 的保护原理。

预备知识 Y–7：555 时基电路

表 Y–7–1  NE555 管脚功能

| 管脚序号 | 符号 | 功能 | 管脚序号 | 符号 | 功能 |
|---|---|---|---|---|---|
| 1 | GND | 负极（地） | 5 | CTRL | 控制 |
| 2 | TRIG | 触发 | 6 | THR | 阀值 |
| 3 | OUT | 输出 | 7 | DIS | 放电 |
| 4 | RST | 复位 | 8 | VCC | 电源正极 |

注：②脚电压降至 1/3VCC 时，输出端输出高电平；④脚接高电平 555 具备工作条件；⑤脚控制阀值电压，一般对地接 0.01u 电容，以防干扰；⑥脚电压高于 2/3Vcc 时，输出端输出低电平；⑦脚用于给电容放电。

555 时基电路的外形和内部结构见图 Y–7–1。555 电路主要是由电阻和电容组合而成的充放电电路，并由两个比较器来检测电容器上的电压，以确定输出电平的高低和放电开关管的通断。

  555 时基电路的内部电路含有两个电压比较器，一个基本 RS 触发器，一个放电开关管 T，比较器的参考电压由三只 5K 电阻器构成的分压器提供。它们分别使高电平比较器 C1 的同相输入和低电平比较器 C2 的反相器输入端的参考电平为 2/3VCC 和 1/3VCC。C1 与 C2 的输出端控制 RS 触发器状态和放电管开关状态。当输入信号自 6 脚，即高电平触发输入并超过参考电平 2/3VCC 时，触发器复位，555 的输出端 3 脚输出低电平，同时放电开关管导通；当输入信号自 2 脚输入并低于 1/3VCC 进，触发器复位，555 的 3 脚输出高电平，同时放电开关管截止。

  这就可以很方便地构成从数秒到数十分钟的延时电路，也可以方便地构成单稳态触发器、多谐振荡器、施密特触发器等脉冲产生和波形变换电路。555 电路各管脚的功能见表 Y-7-1。

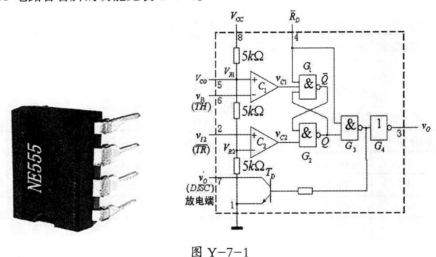

图 Y-7-1

由于 555 定时器使用灵活、方便，因而得到了非常广泛的应用。

# 例二十二　555"猫眼"电路实验（多谐振荡器）（□）

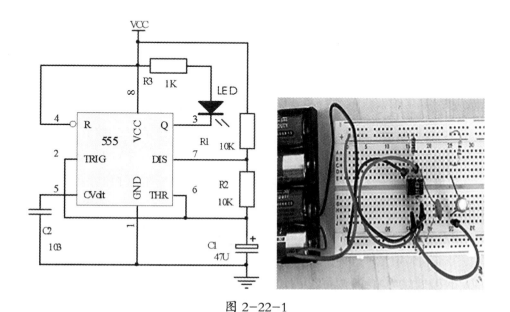

图 2-22-1

※ **电路原理：**555"猫眼"电路就是一个用555电路组成的多谐振荡器电路，见图 2-22-1。

多谐振荡器的电路工作原理：当电源接通时，555的③脚输出高电平，同时电源通过 R1、R2 向电容 C1 充电，当 C1 上的电压到达 555 集成电路 6 脚的阀值电压（2/3 电源电压）时，555 的⑦脚把电容里的电放掉，③脚由高电平变成低电平。当电容的电压降到 1/3 电源电压时，③脚又变为高电平，同时电源再次经 R1、R2 向电容充电。这样周而复始，形成振荡。

虽然，在前面已经使用 CD4069 电路中的反相器搭建过多谐振荡器，但这与用 555 电路搭建振荡器的工作原理是有所不同的，为了便于学生对常用的 555 电路应用的更多了解，这里还将做更多的相关实验。

**※ 实践步骤：**

（1）本例适合在面包板上实验。

（2）根据原理图将元器件准备好后，将555电路安放在面包板的中心位置，并跨接在上、下部分的两侧，参看图2-22-1，然后，依照原理图的连接关系将各元器件安放、连接完毕。

（3）经检查元器件安放、连接无误后，即可准备测试。

（4）启动电源，振荡器便开始工作，发光管LED被点亮并闪动起来。振荡器电路的这种状态表明，多谐振荡器已经正常工作了。在业余状态下，可以通过观察发光管LED的闪亮速度，来了解振荡器的频率和工作情况。

（5）调节振荡频率可以通过改变电阻R1、R2和电容C1的数值来达到，还可以通过LED的闪动快慢来判断频率的变化。但是，LED的闪动只有在频率较低的情况下才能看出来，若频率过高，眼睛就看不出LED的闪动了，高频率闪动的LED，看上去是一直保持着点亮的状态，这在调试时需要注意。

（6）在有条件的情况下，可以通过示波器来查看振荡器的波形，并根据波形计算出信号的频率、幅度等。

**※ 发散思考与练习提高：**

（1）多谐振荡器有什么作用？

（2）如果需要将振荡信号输出，应该从电路中的什么位置取得？

（3）根据本例的电路原理介绍，尝试更换相关元件，达到改变振荡频率的目的。

# 例二十三 555"耍赖"电路实验（单稳态触发器）（□）

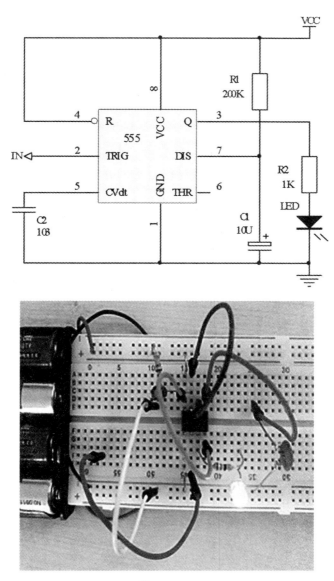

图 2-23-1

※ **电路原理：** "耍赖"电路就是由 555 构成的单稳态触发器电路，见图 2-23-1。单稳态触发器的特点是，电路有一个稳定状态和一个暂稳状态。在触发信号作用下，电路将由稳态翻转到暂稳态，暂稳态是一个不能长久保持的状态，由于电路中 RC 延时环节的作用，经过一段时间后，电路会自动返回到稳态，并在输出端输出一个脉冲宽度为 tw 的矩形波。在单稳态触发器中，输出的脉冲宽度 tw，就是暂稳态的维持时间，其长短取决于电路的参数值。

图中 R1，C1 为外接定时元件，输入的触发信号 IN 接在低电平触发端②脚。稳态时，输出端 OUT 为低电平，即：无触发器信号（IN 为高电平）时，电路处于稳定状态——输出低电平。当触发脉冲来临，当负脉冲作用在输入端 IN 时，低电平触发端得到低于（1/3）Vcc，触发信号，输出 OUT 为高电平，555 内部的放电管截止，电路进入暂稳态，定时开始。

在暂稳态期间，通过电源 Vcc → R1 → C1 →地来对电容 C1 充电，充电时间常数 t＝R1C1，电容 C1 两端电压按指数规律上升。当电容两端电压上升到（2/3）Vcc 后，就会使⑥脚为高电平，输出端 OUT 变为低电平，放电管导通，定时电容 C1 充电结束，即暂稳态结束。电路恢复到稳态 OUT 为低电平的状态。当第二个触发脉冲到来时，又重复上述过程。通过发光管 LED1 可以观察到触发器的工作状态。

※ **实践步骤：**

（1）本例可适合在实验面包板上实验。

（2）根据原理图将元器件准备好后，将 555 电路安放在面包板的中心位置，并跨接在上、下部分的两侧，参看图 2-23-1。然后，依照原理图将各元器件安放、连接完毕。

（3）经检查元器件安放、连接无误后，即可接通电源，开始测试；

（4）当电源接通后，触发器便开始工作，发光管 LED 不亮，说明触发器处在稳态。

（5）将触发器电路的输入端 IN 连接一条线，然后，将其触地（相当于给触发器一个负脉冲），这时，LED 就应该被点亮了。

（6）当 LED 被点亮，在经过一个短暂的暂稳态时间后，紧接着又被熄灭重新恢复到原来的稳态，直到下一个负脉冲的到来 LED 才会再次被点亮。

（7）根据电路原理，若要改变暂稳态的时间长短，可通过改变 R1 和 C1 的数值来实现。

**※ 发散思考与练习提高：**

（1）用万用表测试 555 输出端③脚的电压变化，总结触发信号与输出电压变化之间的关系。

（2）单稳态触发器可应用在哪些场合？

## 例二十四 555"懒人"电路实验(双稳态触发器)(□)

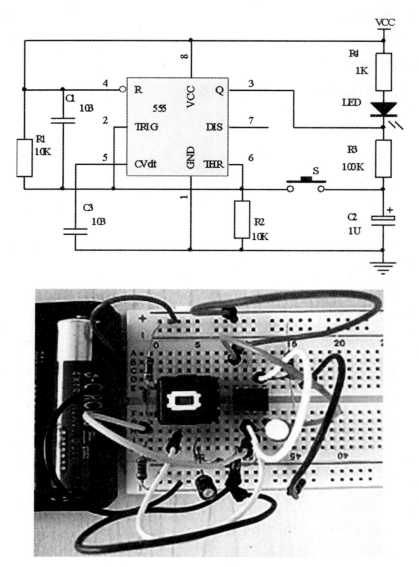

图 2-24-1

※ **电路原理：** 这是一个用 555 电路构成的双稳态触发器电路，见图 2-24-1。

双稳态电路不同于单稳态和无稳态电路，它有两个稳定的状态存在，在没有外界触发信号的作用下，它就会一直保持某一个状态，直到下一个触发信号到来，才会发生翻转。

双稳态电路的工作过程如下：在通电的瞬间，电源电压通过电容 C1 送出一个正脉冲，将 555 电路的⑥脚置于高电位（电容两端电压不能突变），随之，555 电路的输出端③脚，呈现低电平 0 状态，LED 被点亮。

这时，若按下开关 S，就将 R3 与 C2 相接处的低电平，引至 555 电路的②脚，555 电路的输出端③脚就会输出一个高电平 1，将 LED 熄灭。

由于，开关 S 处于断开状态，③脚的高电平就会通过 R3 给电容 C2 充电，并将 C2 上的电压充至接近电源电压。此时，555 电路的②、⑥脚的电压被 R1 和 R2 分压为 1/2Vcc，③脚还是高电平，LED 持续不亮。当再次按下开关 S 时，电容 C2 上接近电源 Vcc 的电压，被加到了⑥、②脚，大于 2/3Vcc，555 电路输出端③脚立刻翻转为低电平 0 状态，LED 被点亮。

开关 S 断开后，电容 C2 与 R3 和 555 电路的③脚形成放电回路，此时，555 电路的②、⑥脚电压再次被"拉"回到 1/2Vcc，③脚继续低电平状态，依次循环下去。实际上，双稳态电路有很多种组成方式，脉冲输入方式也分单端输入和双端输入，本例为用按键开关 S 作为触发信号的单端输入双稳态触发电路。

※ **实践步骤：**

（1）虽然，在前面已经学习过分立元件组成的双稳态触发器，但是，在实际应用中，555 电路组成的各种触发器应用十分广泛，所以，还要继续学习和了解它的原理和制作。

（2）本例选择在实验面包板上进行实验。

（3）根据原理图将元器件准备好后，将 555 电路安放在面包板的中心位置，并跨接在上、下部分的两侧，参看图 2-24-1，然后，依照原理图将各元器件安放、连接完毕。

（4）经检查元器件安放、连接无误后，即可接通电源，开始测试。

（5）当电源接通后，按动开关S，观察LED的状态变化。正常时，每按动一次开关S，电路就会发生一次翻转，LED就会由亮到暗或由暗到亮发生转变。

（6）这个电路实际是一个单端输入的双稳态电路，它的输入端就是555的⑥脚，在测试时，还可以在⑥脚上连接一根导线，并将其不断地在电源与地之间触碰，模拟给触发器输入高或低的脉冲电压，用这样的方式，同样，也能达到按动开关S使LED不断翻转的效果；

（7）需要注意的是，由于电路的RC时间常数很小，操作开关S时动作要迅速，不然容易造成触发紊乱。

**※ 发散思考与练习提高：**

（1）双稳态电路和无稳态电路的差别是什么？

（2）双稳态电路控制LED的方式与普通开关有什么不同？

预备知识Y-8：CD4017计数器

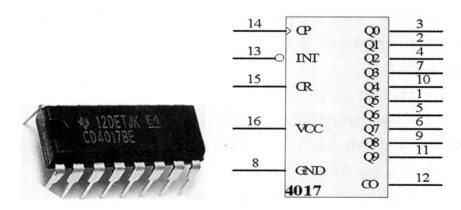

图 Y-8-1

CD4017是一款具有十个译码输出端的计数器，它的外形和功能见图Y-8-1，详细的功能介绍见表Y-8-1。译码器输出端一般为低电平，只能在对应时钟周期内保持高电平。CP 是电路信号的输入端；CR 为高电平时，计数器清零端；INH 为低电平是计数器在时钟脉冲的上升沿计数，反之，计数功能无效。

表 Y-8-1　CD4017 管脚功能

| 管脚序号 | 标识 | 功能 | 管脚序号 | 标识 | 功能 |
|---|---|---|---|---|---|
| 1 | Q5 | 输出 | 9 | Q8 | 输出 |
| 2 | Q1 | 输出 | 10 | Q4 | 输出 |
| 3 | Q0 | 输出 | 11 | Q9 | 输出 |
| 4 | Q2 | 输出 | 12 | CO | 进位脉冲输出 |
| 5 | Q6 | 输出 | 13 | INT | 禁止端 |
| 6 | Q7 | 输出 | 14 | CP | 脉冲信号输入 |
| 7 | Q3 | 输出 | 15 | CR | 清除端 |
| 8 | VSS | 电源负极 | 16 | VDD | 电源正极 |

注：表中 CP 为信号输入端，在脉冲上升沿开始计数

CR 为清零端，正常工作时接低电平，当 CR 接高电平，Q0 输出高电平，其余 Q1-Q9 均为低电平

INT 低电平时计数器在脉冲上升沿计数，正常工作需接低电平

Q0-Q9 的状态，当计数器计到哪一位，相应端输出高电平，其余端输出低电平

CO 是进位端，当计数器计满十个脉冲后，CO 端输出脉冲

## 例二十五 "幸运转盘"电路制作（□、☆）

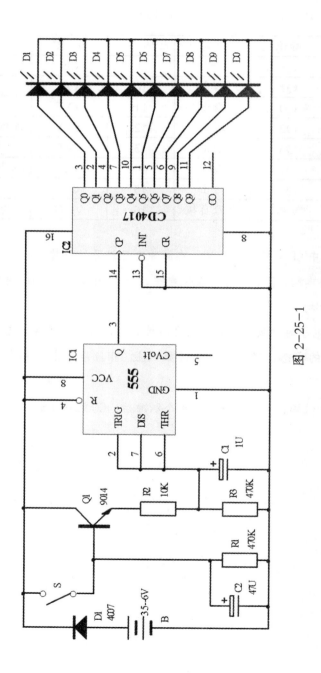

图 2-25-1

※ **电路原理**：幸运转盘是一个用于估号码游戏，电子骰子，抽奖机等游戏的工具。它的玩法就是把 10 只 LED 配置成一个圆圈，当按一下开关按键 S 后，每只 LED 顺序轮流发光，开始的时候流动速度很快，看起来所有的 LED 像全部一起闪烁，流动速度会越来越慢，最后停在某一只 LED 上不再移动。若最后发亮那个 LED 与玩家预测的相同，则表示中奖了。幸运转盘的电路原理图见图 2-25-1。定制印制板和完成安装的实验板见图 2-25-2。

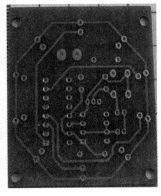

图 2-25-2

幸运转盘的电路主要是由脉冲信号发生器和一个十进制计数器电路组成。脉冲产生器由 NE555 及外围元件构成多谐振荡器，当按下开关 S 时，Q1 导通，NE555 的③脚输出脉冲，则 CD4017 的 10 个输出端轮流输出高电平驱动 10 只 LED 轮流发光。

松开开关 S 后，由于有电容 C2 的存在，Q1 不会立即截止，随着 C2 两端电压的下降，Q1 的导通程序逐渐减弱，③脚输出脉冲的频率变慢，LED 移动频率也随之变慢，最后当 C2 放电结束后，Q1 截止，NE555 的③脚不再输出脉冲，LED 停止移动，这样，一次开奖过程就完成了。R2 决定 LED 移动速度，C2 决定等待开奖的时间。

※ **实践步骤：**

（1）本例可选择在面包板上进行实验，也可选择定制印制板上实验，此处选择在定制印制板上实验。

（2）按照电原理图将所需元器件准备好后，根据"先小后大"的安装、焊接原则，将元器件与印制板上的标识相对应后，一一插入，最后插入并焊接集成电路。

（3）焊接完毕后，连接电源线，本电路适用于 3.5V~6V 直流电压，电压不可过高或过低，否则电路都不能正常工作。由于本电路有二极管 D1 的存在，使得电路元件不会因电源极性接反而损毁，只会造成电路不工作的情况发生。

（4）接通电源，按下开关 S，观看发光管循环点亮的状态是否正常。正常时，当按一下按键后，每只 LED 应顺序轮流发光，开始的时候流动速度很快，看起来所有的 LED 像在一起闪烁，逐渐光亮的流动速度会越来越慢，最后，会停在某一只 LED 上不再移动。

（5）若出现按下开关 S 后，点亮的发光管 LED 固定在某一个位置不动的情况，则可能是 555 电路组成的脉冲信号发生器工作不正常，请检查 555 电路的安装方向和周边的元件是否安放正确。

（6）若信号发生器没有发现问题，而问题依旧存在，则可以尝试将 555 电路从其电路安装座上取下，然后，将一根导线的一端插入 555 电路座上对应输出端③的管脚位置，而将导线的另一端去触碰电路的"地"或正极。这时，每当导线触碰一次"地"后，LED 就应往前走一步，借此我们可以用以判定故障的位置。

（7）当一切检查正常，则说明本机通过验证，实践结束。

※ **发散思考与练习提高：**

（1）若长按开关 S，会出现什么情况，为什么？

（2）试分析去掉电容 C2 后，电路会如何工作？

## 例二十六　自动液位控制器制作（□、☆）

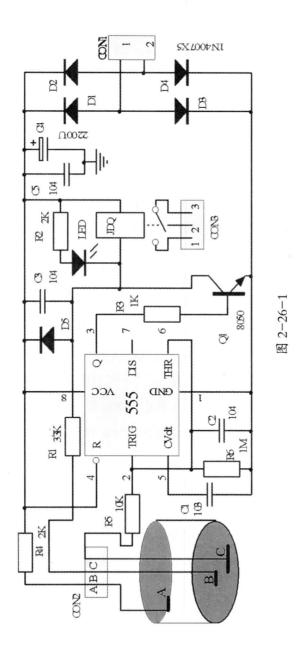

图 2-26-1

※ **电路原理**：这是一个用 555 时基电路和外围元件组成的液位控制器见图 2-26-1。本控制电路主要是由水位测控开关、双稳态触发器、继电器控制开关等组成，工作电压为直流 12V。

液位检测工作过程：当电路板通电后，检测电路开始工作，当探针检测到水位低于 B 点，即没水了，就启动水泵开始抽水。当水到了 A 点，即水满了，控制继电器断开，停止抽水；当水位慢慢下降，并低于 B 点时，电路检测发现没水了，就立即启动水泵抽水。

液位控制器的控制原理：由液位变化引起电阻变化（水的电阻远远小于空气的电阻），再由电阻变化转化为电位变化，从而引起液位控制器的动作，最后，达到控制抽水电动机的运行，并使水位保持在给定的上限和下限之间的目的。

在图 2-26-1 中，水位探针 A 是高水位线，B 为低水位线，C 为检测公共线。当水塔内的水位下降到触点 B 和 C 以下时，等于触点 A、B、C 全都断开了，555 电路的②脚和⑥脚为低电平，555 的③脚输出高电平，Q1 导通，继电器吸合，接通水泵往水塔内抽水，水位开始上升。当水位使 B 和 C 相连时，由于 B 点也是低电平，所以，555 电路的②脚和⑥脚继续保持低电平，555 电路的③脚仍输出高电平，继电器 JDQ 仍然吸合，水泵继续抽水。

当水位上升到 A 点时，因为 A 点是持续高电平，通过水阻传导的作用，使得 B 和 C 也同时为高电平，受其影响，555 电路的②脚和⑥脚为高电平，555 电路的③脚输出为低电平，Q1 截止，继电器 JDQ 复位，水泵停止工作。

水泵的再次工作，一直要当水位下降到 B 和 C 以下时，才会继续抽水。整个过程就这样循环下去。

在这个控制电路中，555 电路是作为 RS 触发器使用（即：双稳态电路），在触发器的输出端，555 电路的③脚直接驱动三极管 Q1，当 Q1 的 b 极为高电位时，Q1 饱和导通，使继电器 JDQ 动作，带动触点闭合或断开，然后，达到控制抽水电机动作的目的。使用定制印制板安装的液位控制器实物见图 2-26-2。

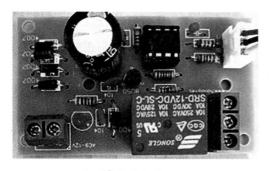
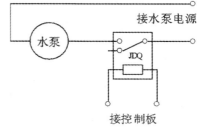

接水泵电源

水泵

JDQ

接控制板

图 2-26-2                                    图 2-26-3

※ **实践步骤：**

（1）本例可选择在面包板上进行实验，也可选择定制印制板上实验，此处选择在定制印制板上实验。

（2）按照电原理图将所需元器件准备好后，根据"先小后大"的安装、焊接原则，将元器件与印制板上的标识相对应后，一一插入，并焊接完毕。

（3）将继电器的输出端 CON3 的②、③脚之间，视为一个触点开关，用来控制水泵或电磁阀线路的通断（一般是控制水泵两根线中的一根线，另一根线可与电源直接相连），水泵接法参看图 2-26-3。

（4）本电路的电源可以使用 9V~12V 交流或直流 12V~15V 电压（直流电不用区分正负极）。经过检查并确认安装、焊接无误后，开始准备测试。

（5）首先，在接通电源后，将探针 A 和 C 互碰一下，如果 LED 状态变化，并且继电器有反应，就可以初步确认电路板安装、焊接正确，可以正常工作。

然后，准备好一个有一定深度的广口玻璃瓶（模拟水塔），再根据探针 A、B、C 应在的位置，截取合适的导线长度，并将其在杯子上固定好。

（6）在一切准备结束之后，启动电源。这时，因为水杯中没水，继电器 JDQ 应该吸合，水泵开始抽水，直到杯中的水没过探针 C 和 B，到达 A 点时，水泵才停止运转。

（7）再用一根塑料管将杯中的水逐渐引出，同时，观察水位变化和水泵的工作状态。当水位下降到 B 点前，水泵应一直保持静止，直到水位低于 B 点时，继电器吸合，水泵转动，接着开始抽水。若电路工作情况满足上诉要求，即表明实验成功。

　　※ **发散思考与练习提高：**

　　（1）在图 2-26-1 中，发光管 LED 处在亮和暗的状态时，说明液位控制器处在什么状态？

　　（2）若水杯中液体改换成油，这个控制器还能工作吗？为什么？

　　（3）用万用表测试并回答：继电器 JDQ 在吸合状态和释放状态时，三极管 Q1 的 b 极和 c 极电压各是多少？三极管 Q 处在什么状态？

# 例二十七　具有声、光、电显示功能的行走机器人制作（☆）

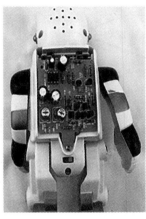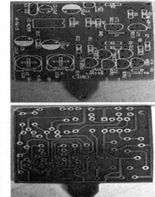

图 2-27-1

※ **电路原理：**这是一个主要由 NE555 时基电路控制机器人行走和发出声光信号的电路，机器人的外形和电路板的安装位置见图 2-27-1，机器人的电路原理图见图 2-27-3。

机器人电路的工作过程：将机器人电路原理图结合 555 电路的内部结构加以介绍，这样更有利于我们的理解，555 电路内部结构图见图 2-27-2。

555 电路是由比较器、RS 触发器、放电管等部分组成，在机器人电路图中⑥脚 R 端的正相输入端和⑦脚放电端连在一起为 RS 触发器翻转做了准备。②脚是 S 端的反相输入端，③脚是输出端。初始状态时 RS 触发器的Q 端输出低电平放电管截止不放电，③脚输出高电平。此时 RW2、R13、C5 构成正稳态的延时电路，电源通过 RW2、R13 对 C5 充电（调节 RW2 可以调节 C5 达到触发电平的时间）当 C5 端的电压达到 2/3VCC 时，R 端比较器翻转输出高电平。这时 S 端电平基本不变从而致使 RS 触发器触发翻转进入另一个稳态，Q 端输出高电平，放电管导通 C5 的电压瞬间被拉为低电平。

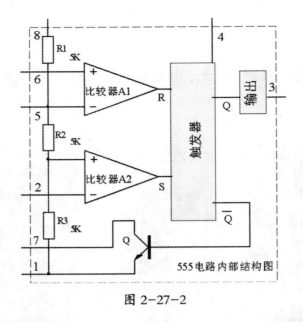

图 2-27-2

因在正稳态时 MT2 端为高电平对 C1 充满了电，②脚一直处于高电平，当 RS 触发器触发翻转进入另一个稳态后 MT2 变为低电平，此时 C1 通过 RW1、R6、R14 对地放电，调节 RW1 可以调节放电的时间，当 C1 端的电压降到 1/3VCC 时 S 端比较器翻转致使 RS 触发器进入正稳态，依次循环，分别调节 RW2、RW1 可以控制正、负稳态电路的延时长短。③脚是正、负稳态的输出端，正、负稳态分别输出正、负电平。该电平加到电容 C2 上给 C2 充电使输出电平稳定，该电平就是后面驱动电路的控制信号。

当 555 处于正稳态时输出高电平，③脚控制信号经 R5 加到 9013 的基极，9013 是 NPN 管，基极正电平时 9013 的 C、E 极导通，而 9012 截止，也即是正稳态时 9013 导通，9013 集电极被拉为低电平，再经过 R7 加到 Q3-Q2 的基极 Q3 导通，从而 Q5、Q7 导通，电流通过 MT2 经过电机后流经 MT1。电机正转机器人向前行走、发声、闪眼睛。RW2 控制电机正转的时间。

当 555 处于负稳态时，③脚输出低电平，通过 R4 加到 Q2 上，Q2、Q4、Q6、Q8 导通。电流通过 MT1 经过电机后流经 MT2。电机反转机器人后退，由于发声、闪灯电路经过一只二极管 D4 供电，正转时有电压，故反转时二极管截止，发声、闪灯电路由于无电压而停止工作。

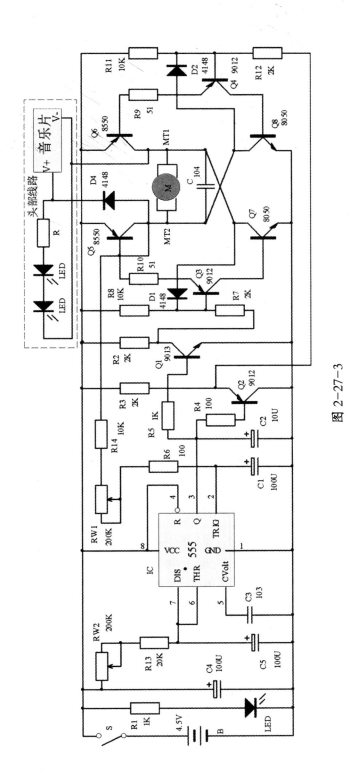

图 2-27-3

141

## ※ 实践步骤：

（1）本实验需要配备机器人的外壳和全套机械传动部分，并只能在定制印制板上实验。

（2）在将材料准备好后，对照电路原理图，按照"先小后大"的安装、焊接原则，先对照电阻安装孔位，将电阻安装完毕，并将电阻的引脚向两边略略地弯曲，以暂时固定电阻不会脱出，然后再进行焊接，并用斜口钳剪去多余的引脚。其余元器件的安装、焊接也依此而行，最后安装、焊接集成电路。

（3）当元器件焊接结束，并检查无误后，再来焊接机器人的电机部分引线。将机器人后盖打开，并将原来已经焊接在电机上的导线焊下，用安装在电路板上的导线替换，同时，把接通机器人头部的红线焊下，并在其中串接一只二极管 D4（降压作用）。接着焊接电源线和开关的连接线，然后将其从机器人的后背引出。最后，装上头和摇头杠杆后盖上后盖即可。

（4）在焊接电机线时，要注意把红线焊接在焊接在电路板的 MT2 位置上，另一根线焊在 MT1 上，否则会出现后退时发声、发光的现象。

（5）焊接电源线时，把从电池盒负极中引出的电源线焊接在电路板的 GB- 焊盘上，电池正端引出的导线焊接在电源开关的一端，再从另一端引出线来，焊接在电路板的 GB+ 焊盘上。

（6）通过调节 RW1 和 RW2 可以改变机器人前进后退的时间。

（7）在完成上述工作后，先装上电池，然后将电路板安装在电池的外边，并用螺丝固定。这样一个能够行走、发声发光的机器人就制作成功了。

## ※ 发散思考与练习提高：

（1）试分析 555 集成电路在本电路中所起的作用。

（2）为什么要在电路中增加二极管 D4？

（3）若要机器人在前进和后退时都发声、发光，该怎样连接？

预备知识 Y-9：LM358 双运算放大器

　　LM358 是双运算放大器。内部包括有两个独立的、高增益、内部频率补偿的运算放大器，适合于电源电压范围很宽的单电源使用，也适用于双电源工作模式，在推荐的工作条件下，电源电流与电源电压无关。它的使用范围包括传感放大器、直流增益模块和其他所有可用单电源供电的使用运算放大器的场合。LM358 的引脚功能、内部结构和外形图见图 Y-9-1。

　　LM358 特性：

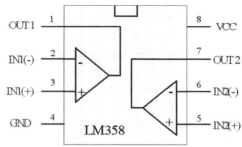

图 Y-9-1

＊内部频率补偿

＊直流电压增益高（约 100dB）

＊单位增益频带宽（约 1MHz）

＊电源电压范围宽：单电源（3V~30V）；双电源（±1.5V~±15V）

＊低功耗电流，适合于电池供电

＊低输入偏流

＊低输入失调电压和失调电流

＊共模输入电压范围宽，包括接地

＊差模输入电压范围宽，等于电源电压范围，输出电压摆幅大（0 至 Vcc-1.5V）

## 例二十八　简易无线电遥控器制作（□、☆）

作为一种供玩具和制作学习之用的无线电遥控器，其控制过程比较简单，用简单的无线控制方法，就能实现对一个电子开关的开、合控制，这个电路制作简单，易于调试，但传输距离比较近（约 15M~20M 左右）。

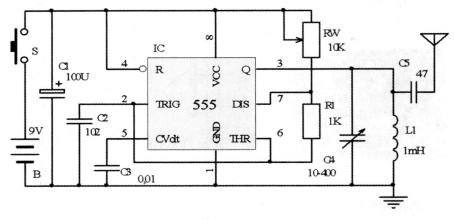

图 2-28-1

※ **电路原理**：简易无线电遥控器发射部分，主要是由时基电路 555 及部分外围元件组成振荡电路，其振荡频率恰好高于 AM 调幅广播中波波段的载波频率（即高于 1605KHz）。电感 L1 及电容 C4 组成的并联谐振网络，正好谐振于发射电路的主频率，并由电容器 C5 交连到发射天线。调节 RW 电位器可以微调发射机的振荡频率。简易无线电遥控器发射机原理图见图 2-28-1。

**AM 调幅接收机的工作原理**：在发射机工作以后，射频信号经接收天线至电容 C1 耦合到 L1 和 C2 组成的高频调谐网络，调谐的电信号由 R1 输送至由 LM358 组成的高频放大电路进行放大。LM358 组成的放大器可将信号放大约 1000 倍，实际放大倍数可由电位器 RW 调节。当 LM358 放大的信号达到一定值时，Q1 导通，继电器 JDQ 吸合。从而实现了发射和接收机之间的无线电信号传输和遥控。简易无线电遥控接收机电路图见图 2-28-2。

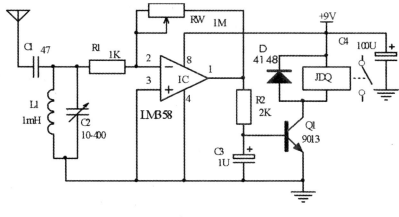

图 2-28-2

**※ 实践步骤：**

（1）本例可选择在各种实验板上进行，此处采用在面包板上实验。

（2）首先，搭建发射机部分。根据原理图将元器件准备好后，将 555 电路安放在面包板的中心位置，并跨接在上、下部分的两侧，然后，依照原理图将各元器件安放、连接完毕。

（3）再来搭建接收机部分。将 LM358 电路安放在面包板的中心位置，并跨接在上、下部分的两侧，然后，依照原理图将各元器件安放、连接完毕。

（4）由于本实验的发射和接收部分都是工作在高频状态下，容易造成干扰，故在搭建电路时，应尽量缩短元器件之间的距离和连线。

（5）发射机和接收机使用的可变电容值为（10p~400p），可用单联或双联空气可调电容器，其中将静片接地，动片接信号端即可，以减少人体干扰。电感 L1 可用成品或自制，自制时，取一段 Φ0.3~0.5mm 漆包线，在 Φ3 钻头上密齐绕 15~20 匝，然后抽去钻头即可。天线则各用一段导线代替。

（6）经检查元器件安放、连接无误后，即可接通电源，开始测试。

（7）调试时，首先把发射机和接收机相距 5~10CM 并排放在一起，接通电源后，接收机的继电器 JDQ 应该在吸合状态，然后，将接收机电路的频率调离发射频率点，使继电器释放。接着再调接收机电路，使继电器吸合。

（8）如果上述情况正常，开始拉开距离调试。拉开距离调试时，应该一边移动，一边调节接收机的可变电容 C2，使继电器 JDQ 保持吸合状态，直到 15~25m 左右，不再吸合为止，这就是该机的最大遥控距离。天线的长度也会影响遥控距离。

（9）综合测试后，各单项功能都符合要求，则说明制作成功，实验结束。

※ **发散思考与练习提高：**

（1）为什么电路中要采用 LM358 是双运算放大器，而又将其中一个运放闲置不用呢？

（2）还可以用哪种器件作为本发射机的振荡器？

## 例二十九　多功能电子工具盒制作（□、☆）

※**电路原理：**这是一个多功能电子工具盒的方框图和外形图，见图2-29-1。

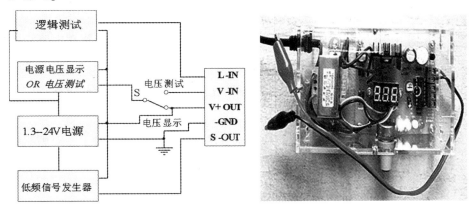

图 2-29-1

多功能电子工具盒巧妙地将我们在前面的电子制作中，常用的直流稳压电源（电路原理参见三端稳压器）、低频信号发生器（电路原理参见 CD4069 组成的低频信号发生器）、逻辑状态测试器（电路原理参见用 CD4069 制作电子逻辑笔）和直流电压表集合在了一起，这个工具盒可以给我们的电子制作提供许多方便。若再配合上万用表的功能使用，就基本上可以满足在业余状态下大多数的电子制作需求了。

多功能电子工具盒是由可调直流稳压电源、微型数字电压表、逻辑测试笔和低频信号发生器组合而成，它们除了共享直流电源外，各部分功能都是独立的。直流稳压电源、信号发生器和逻辑状态测试器，都可以通过连接端子直接完成电压和信号的输入、输出工作。但微型数字电压表要经过开关 S 的转换后，即在输出电压显示和直流电压测试之间做出选择后，才可正确显示。

当然，也完全可以在使用中，根据需要临时切换转换开关 S，来做出电压测试和电压显示的选择，而这样的操作并不影响电压的输出和正常的测试。因此，这是一个非常方便和实用价值很高的工具。

※ **实践步骤：**

（1）本例可选择在各种实验板上进行，此处采用定制印制板上实验。

（2）按照电原理图将所需元器件准备好后，根据"先小后大"的安装、焊接原则，将元器件与印制板上的标识相对应后，一一插入，并焊接完毕；

（3）注意：安装三端稳压器的散热片时，一定要将散热片与稳压器电路安装紧密，以防散热不好，使稳压器发烫烧坏。

（4）在将焊接好的电路板装进机盒之前，应先将变压器和电路板在外连接好，并通电对所有功能进行测试，直到没有任何问题后，再将变压器和电路板装进机盒中（此时要注意防止触电，因为变压器初级连接的是220V电源）。

（5）本机的各个单项功能和测试方法已经在前面介绍过了，对整机的综合调试，就是逐一在输出端对每个单项功能进行测试，只要各项功能都符合要求，就完成了整机调试。

（6）若某一项功能不正常，则根据电路功能方框图图2-29-1的指示，在教程中找到相应部分的电路图，然后，根据电路图来测试和排除故障。

（7）综合测试后，各单项功能都符合要求，则说明制作成功，实验结束。

※ **发散思考与练习提高：**

（1）可否在工具盒中增加其他功能？

（2）如需增加这个直流稳压电源的输出功率，还需要对电路或元器件做哪些改更？

预备知识 Y-10：八段数码管

数码管在电子电路中，作为数据、时间、温度、序号等显示器件经常使用。其实，数码管就是将七只发光二极管，按照字符"8"的形状，逐一进行排列、组合的阵列，同时，为了配合一些场合的需要，还增加了一只二极管作为"."

（小数点）使用，所以，数码管总共有八只二极管（故也称为：八段数码显示器），数码管的内部结构见图 Y-10-1。

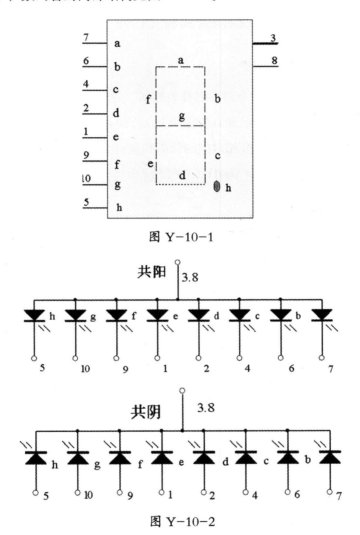

图 Y-10-1

图 Y-10-2

数码管根据其公共端的内部连接方式，分为共阴极数码管和共阴极数码管，见图 Y-10-2。同时根据使用要求，数码管一般常见的有一位、二位、三位、四位等多位字符组合，当然，也可以将多个单只的数码管拼装在一起，做多位显示器使用。

## 例三十　点亮八段数码管实验（□）

※ **电路原理：**这是一个用拨码开关控制，分段点亮八段数码管的实验，见图 2-30-1。将电源的正极和八位拨码开关（S0-S7）的每一个端口相连接，再将开关的另一端与数码管相对应的管脚相连接，然后，在它们的公共端③、⑧脚连接一个限流电阻 R（100Ω）再接地。

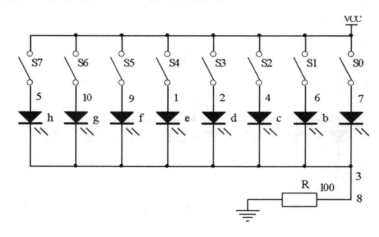

图 2-30-1

公共端限流电阻 R 阻值和功率的选取，要根据具体的数码管所标称的额定工作电流大小来计算，在实际使用中，由于数码管全亮时，流过限流电阻的电流较大，故而大多采用每段串接限流电阻的形式。

当一切都在面包板上连接好后，就可以根据数码管的结构和显示原理，将控制数码管不同段位（数字"8"中连接的每一个二极管为"一段"）的拨码开关，根据需要置于开或关的状态，这样就可以从数码管的显示中，读出 0~9 和小数点"."来。

其实，根据需要设置拨码开关位置的过程，就是在给数码显示器编码的过程，而使数码管显示出正确的编码值的方法，便是译码。在实际应用中，编码和译码都可以由专用的集成电路来完成和实现。

**※ 实践步骤：**

（1）本例可选择在面包板上进行实验。

（2）按照电原理图将所需元器件准备好后，将数码管纵向安装在面包板上下跨接的位置，将八位拨码开关安放在数码管的一侧，然后按图2-30-1所示，用跳线将数码管和拨码开关逐一相连，最后连接限流电阻 R。

（3）连接 6V~12V 电源，并在检查无误的情况下，接通电源，然后，根据数码管的排列规律，逐一拨动拨码开关，将电源接至数码管的相应段，组成 0~9 的数字即告成功。

**※ 发散思考与练习提高：**

（1）数码管在什么状态下电流最大和最小？

（2）尝试用万用表直流电流档 A−，测试一只数码管的每一段发光管的电流，并计算或测出八段全亮时的总电流。

预备知识 Y−11：低功耗音频放大电路 LM386

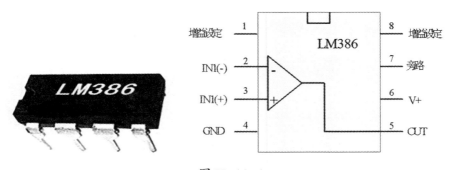

图 Y−11−1

LM386 是一种音频集成功放电路，LM386 的外形和内部结构，见图 Y−11−1。它具有自身功耗低、增益可调整、电源电压范围大、外接元件少和总谐波失真小等优点的功率放大器，广泛应用于录音机和收音机之中。LM386 的各管脚功能见表 Y−11−1。

表 Y-11-1　LM386 管脚功能表

| 管脚序号 | 符号 | 功能 | 管脚序号 | 符号 | 功能 |
|---|---|---|---|---|---|
| 1 | | 增益设定 | 5 | OUT | 输出端 |
| 2 | IN（-） | 反向输入端 | 6 | Vcc | 电源端 |
| 3 | IN(+) | 正向输入端 | 7 | | 旁路 |
| 4 | GND | 接地端 | 8 | | 增益设定 |

　　LM386 是美国国家半导体公司生产的音频功率放大器，主要应用于低电压消费类产品。为使外围元件最少，电压增益内置为 20。但在①脚和⑧脚之间增加一只外接电阻和电容，便可将电压增益调为任意值，直至 200。输入端以地位参考，同时输出端被自动偏置到电源电压的一半，在 6V 电源电压下，它的静态功耗仅为 24mW，使得 LM386 特别适用于电池供电的场合。

　　通常在引脚⑦和地之间接旁路电容，容量为 $10\mu$ 左右。

# 例三十一 LM386 低功耗音频放大器电路制作（□、☆）

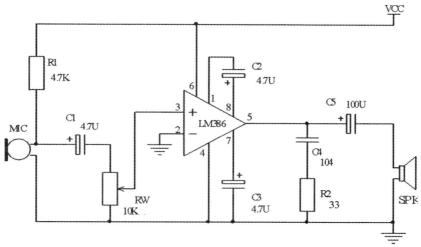

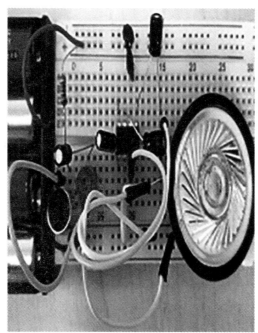

图 2-31-1

※ **电路原理**：LM386 功放电路原理图和面包板搭建的实验图，见图 2-31-1。

这个功放电路的工作原理很简单，麦克风 MIC 将声音信号转换成电信号后，经耦合电容 C1 送至电位器 RW，经其衰减分压后，送至 IC 的同相输入端引脚③，信号在经 IC 放大后，音频信号通过输出电容 C5 输出送至扬声器发声。

根据电容输出方式的判断，这个电路其实也是一个 OTL 输出的放大器，其中电容 C5 是 OTL 输出的匹配电容，容量不宜太小，否则容易引起失真。C1 为滤波电容，C3 为旁路电容，R2、C4 组成高频滤波，防止自激，电容 C2 是匹配的耦合电容，用以提高电路增益。本电路设计电压为 3V~12V，静态工作电流为 3mA~6mA，输出功率 0.25W。这个电路制作简单，很适合用作供手机或电脑放大的小音箱。

※ **实践步骤**：

（1）本例可选择在任何实验板上进行，此处采用在面包板上实验。

（2）根据原理图将元器件准备好后，将 LM386 电路安放在面包板的中心位置，并跨接在上、下部分的两侧。然后，依照原理图将各元器件安放、连接完毕。

（3）经检查元器件安放、连接无误后，即可接通电源，开始测试。

（4）接通电源，对着 MIC 吹气或说话，此时，扬声器就应该发出声响，若扬声器没有声音或声音过小，就将电位器向左右调整，直到听见声音为止。

（5）若将 LM386 放大器作为小音箱使用，只要将电路输入端的 MIC 去掉，用两根线从手机的耳机插座引出信号线来，并将其中的一个信号线连接在原来 MIC 的位置上（注意：耳机应该有三条线输出，其中两条是信号线，一条是地线，连接时要地线与地线相接）。在接通电源，打开手机的音乐后，小音箱就会随着手机中的音乐声，发出悦耳的声音来。

※ **发散思考与练习提高**：

（1）将电子工具盒中的信号源加在放大电路的输入端，监听输出状况。

（2）找一个精致的木盒或金属盒，将放大器和扬声器装入其中后，可以当作一个精致的工艺品和实用的小音箱使用。

## 例三十二　音频红外线无线发射接收器制作（□、☆）

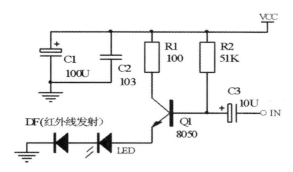

图 2-32-1

　　**※ 电路原理**：这是一款利用红外线的光谱进行音频信号传输的电路，红外线发射装置的原理图和安装图见图 2-32-1。

　　音频调制红外线发射电路，其工作原理是，音频信号从电容 C3 输入后，送至三极管 Q 的 b 极进行放大和调制，由于三极管 Q 的发射机电流 Ie 受基极电流 Ib 的控制，只要 Ib 有微小的变化，Ie 就会有很大变化（Ie=Ib × β），这样音频信号通过控制 Ib 的变化实现了对 Ie 的调制，使得被调制的电流流过串接在三极管 Q 发射极 e 的红线先发射管 DF，并发出红外线传输信号，从而实现了音频信号的无线传输。

　　其中发光二极管 LED，作为状态显示之用；C1、C2 起滤波去耦作用；

R1 为三极管 Q 的偏置电阻，R2 为红外线发射管 D 和发光二极管 LED 的限流电阻。图 2-32-1 红外线发射器的工作电压为 9V~12V。

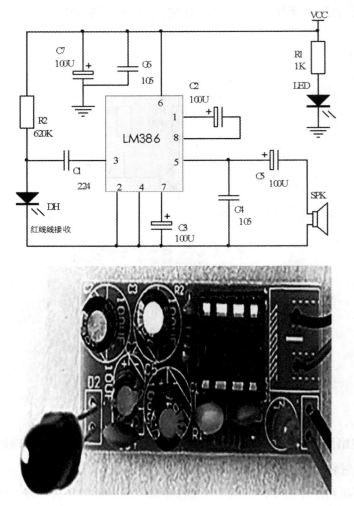

图 2-32-2

图 2-32-2 是与图 2-32-1 相配合的红外线接收电路的原理图和安装图，它包含音频解调电路和音频功率放大电路。其工作过程是，红外线接收二极管 DH，把接收到的被调制的红外线转换为音频信号，送至耦合电容 C1 后，再送至 LM386 组成的音频信号放大器进行放大，放大后的信号通过 C5 推动扬声器发音。其中 R2 为红外接收器的偏置电阻，C3 为旁路电容，C2

为耦合电容，C4 为高频杂波去除电容，C6、C7 为滤波、去耦电容，R1 和 LED 组成电源显示电路。图 2-32-2 红外线接收器的工作电压为 4V~12V。

整套电路若安装正确，红外线传输距离可以达到 1~2m，并可正常实现音频信号的无线传输。

**※ 实践步骤：**

（1）本例可选择在任何实验板上进行，此处采用在定制印制板上实验；

（2）先做发射部分的安装和焊接，根据原理图将元器件准备好后，按照"先小后大"的原则，将各元器件安放、焊接完毕，经检查无误后，再开始安装、焊接接收部分电路。

（3）与上述同样的方式，将接收机部分安装焊接完毕，经检查无误后，开始准备联机用红外线传导方式测试。

（4）将手机或电脑当作信号源，通过耳机插座将音频信号引出，并与发射机部分的信号输入端 IN 相连接。同时，将发射机与接收机的电源按要求匹配、连接好后，准备联通实验。

（5）将发射机和接收机的红外线管 DF 和 DH 近距离直接相对，打开音频信号源（手机或电脑），然后，将发射机和接收机的电源开启。

（6）电源开启后，随着信号源的输出变化，扬声器就会发出声响，这就证明了红外线传输信号的成功。

（7）接着，开始测试红外线有效传输距离。在发射机和接收机都通电的情况下，先将接收机用手拿起，然后，将其对着发射机红外管 DF 的方向，逐渐远离发射机，直到手中接收机不再发声，这就是它们的有效传输距离。

（8）一般而言，增加发射机和接收机电源的电压，可以增加它们的传输距离，但也要考虑对元器件的影响，电压不可过高。

**※ 发散思考与练习提高：**

（1）本机为什么不采用普通光二极管发射和接收信号？

（2）根据红外线传输原理，思考更多的应用范围。

预备知识 Y-12：数字电路 CD4026

图 Y-12-1

CD4069 是一种多功能数字电路，外形见图 Y-12-1，管脚功能见表 2-3-4。前面看到的八段数码管，需要有八个拨码开关控制才能显示，这样显然很不方便，而 CD4026 就是一款同时兼备十进制计数和七段译码两大功能的芯片，通常在 CP 脉冲的作用下，为共阴极七段 LED 数码管显示，提供输入信号，它在一些无需预置数的电子产品中得到了广泛的应用。

表 Y-12-1　CD4026 管脚功能

| 管脚序号 | 符号 | 功能 | 管脚序号 | 符号 | 功能 |
|---|---|---|---|---|---|
| 1 | CP | 脉冲输入 | 9 | d | d 段 |
| 2 | EN(INT) | 闸门输入 | 10 | a | a 段 |
| 3 | DEI | 显示输入控制 | 11 | e | e 段 |
| 4 | DEO | 显示输出控制 | 12 | b | b 段 |
| 5 | CO | 溢出 | 13 | c | c 段 |
| 6 | f | f 段 | 14 | "c" | 数字 "2" 输出 |
| 7 | g | g 段 | 15 | CR(RST) | 复位 |
| 8 | VSS | 电源负极 | 16 | VDD | 电源正极 |

注：CP 端，在脉冲上沿时计数；DEI 显示输入控制端，高电平显示，低电平数据熄灭

DEO 显示控制输出端，数码管显示时输出高电平，熄灭时输出低电平

CR 复位端，正常时接低电平，接高电平时计数器清 "0"

EN（INT）闸门信号输入端，低电平计数，高电平停止计数，但数据保留

158

## 例三十三　手动、自动计数显示器制作（□）

※ **电路原理：** 图 2-33-1 为一款集手动、自动计数、译码、显示为一体的数字显示电路。其中 CD4026 电路，起着计数器和译码器的功能，它的①脚信号输入端 CP，接受从开关 S2 送来的脉冲信号，再经过 IC（CD4026）内部的计数器和译码器输出，最后，通过限流电阻 R1-R7 驱动数码管显示。开关 S2 是手动或自动计数选择开关。计数器的原理图，见图 2-33-1。

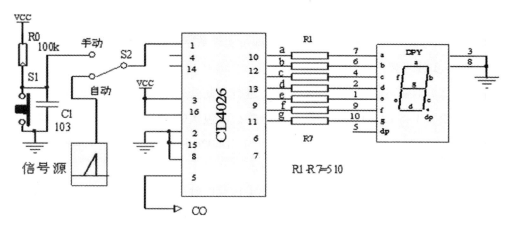

图 2-33-1

电路的工作过程：当开关 S2 置于自动时，开关 S2 将 IC 的输入 CP 端与信号源相连接，由信号源发出的脉冲信号，经由开关 S2 送至 IC（CD4026）的 CP 端，收到计数脉冲后，数字电路 CD4026 的内部，开始计数和译码，并通过数码管将数字连续显示出来。

当开关 S2 置于手动时：常闭开关 S1 是闭合状态，开关 S1 将 IC 的①脚（CP端），置于"低"电位，即输入为 0；当按下常闭开关 S1 时，IC 的①脚（CP端），又被上拉电阻 R0 迅速拉"高"，使 IC 的输入端①脚得到 1 的高电平。紧接着，再松开开关 S1，使常闭触点 S1 闭合，IC 的①脚电位，又从高电位，回到了低电位，这样就完成了一个信号周期，在 IC 的输入 CP 端，就得到一个完整的脉冲。

这时，IC 内部的计数器收到了计数脉冲后，也同时对 CP 端脉冲进行了一次计数，译码器输出，数码管的显示，就从"0"变为了"1"。后面以此类推，需要显示哪个数，就按下开关 S1 几次即可。如果显示数位为多位数，可以将此电路扩展为多个单元，这时，只要将上一个计数器的⑤脚（溢出端 CO）与下一个计数器的①脚（脉冲输入端 CP）相连接，即可实现多位显示。

其中 R0 为上拉电阻，C1 为消颤电容，R1~R7 阻值相同为 510Ω，是数码管的限流电阻。

由于 CD4026 输出端信号有规律可循，经合理反馈后，就可以获得进位脉冲信号和本位清零信号，因此，即可实现数字钟计时的功能。

※ **实践步骤：**

（1）本例可选择在任何实验板上进行，此处采用在面包板上实验。

（2）先将 CD4026 电路安装并跨接在面包板的上下两边，然后，再将数码管纵向跨接在面包板的上下中间与 CD4026 相近的位置上，再根据原理图 2-33-1，将各元器件相互连接完毕。

（3）经过检查并确认安装、焊接无误后，开始准备通电测试。

（4）启动电源，然后，将自动、手动计数选择开关 S2 置于手动位，接着，不断按下和松开按钮开关 S1，人工发出计数脉冲，查看 LED 数码管的显示数字是否连续变化，若数码管显示数字正常，则手动计数测试完成。

（5）继续进行自动计数测试。选一个信号源（可用电子工具盒的信号源），将其与本电路的自动、手动计数选择开关 S2 的自动端相连接，然后，接通电源，将 S2 转向自动端，观察数码管的变化是否正常。

（6）用于测试的信号源频率不能太高，频率过高，数码管的显示就看不清了，因此，若没有合适的信号源，就采取手动计数的方法测试也可。

（7）当计数器的自动与手动测试全部通过，则说明本电路的制作预测试成功，实验结束。

**※ 发散思考与练习提高：**

思考如何实现 2-4 位数的计数显示功能。

预备知识 Y-13：什么是电波、声波和无线电波

（1）电波的全称是电磁波，自然界中各类辐射源的电磁波谱相当丰富，包括可见光和 X 光、红外线等都属于电磁波的范围，电磁波是一种能量和物质存在，但在电子技术中所指的电波，一般是指通过电子振荡器产生的各种波形，如正弦波、方波、脉冲波等，正弦波见图 Y-13-1，方波见图 Y-13-2。同时，电子学认为，正弦波是一切电磁波的基础波形，所有不同的电磁波形，都是在正弦波的基础上产生的谐波所致，因此，都可以用不同频率的正弦波组合来实现。

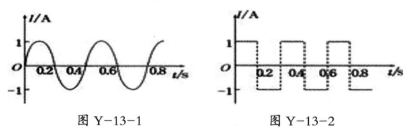

图 Y-13-1            图 Y-13-2

因为，电波不同于声波，电波是一种能量存在，所以电波的传输不需要介质，即使在真空中也能传播，电波的传输速度与光相同都是 30 万 KM/ 秒。

（2）声波：声波是机械波，它的传播的是震动及能量，要通过介质如空气、水等，声波在真空中不能传播。声波是靠物质的震动产生，而电磁波不是，它是靠电子的震荡产生。声波在空气中的传输速度大约为：340M/ 秒，声音的传播速度大约只有光速的百万分之一。无线电波的速度和光波的传播速度相同，所以声音的传播速度也只有无线电信号的百万分之一。

（3）无线电波：无线电波是电磁波的一种。由于它是由振荡电路的交变电流而产生的，可以通过天线发射和吸收故称之为无线电波。人类通过

对电磁波的了解,利用声音或图像等,来影响电波的振荡频率或振荡幅度(调制),再将被调制的信号发射出去;接收端以相应的技术将声音或图像还原(解调),这样就完成了声音或图像的传输任务,见图 Y–13–3。

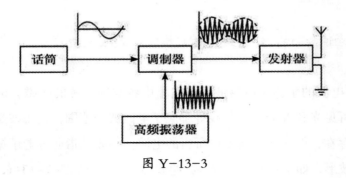

图 Y–13–3

## 例三十四　"隔墙耳"无线遥控门铃制作（☆）

　　许多家庭使用的门铃，都是需要通过导线将室外的开关和室内的门铃连接在一起的。无线遥控门铃则无需导线就能在室外控制室内的门铃，从而为门铃的安装和使用带来了极大的方便。

　　※ **电路原理：**"隔墙耳"无线遥控门铃分为：发射机和接收机两个部分，发射机部分的电路图见图 2-34-1。

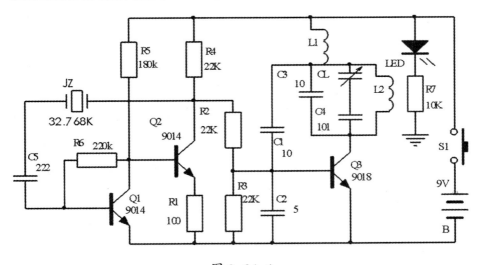

图 2-34-1

　　无线门铃的工作原理：由发射机产生一个 32.768KHz 的低频调制信号和一个 200MHz~270MHz 的高频被调制信号，再通过天线将被调制信号发射出去，并通过空气传播一定的距离。当被调制信号被接收机接收到后，经过解调（还原的意思），将低频调制信号 32.768KHz 解调出来，再进行放大，然后产生一个驱动电压信号，触动音乐片的触发端，使其发出声音来。

　　发射机的工作原理：发射机原理图参见图 2-34-1。当发射机开关 S1 按下时，电源接通，由三极管 Q1、Q2 和石英晶体 JZ 以及相关元件组成的振荡器，产生 32.768KHz 的低频信号。这个信号的频率由晶体 JZ 决定，为 32.768KHz。而 Q3、L2、C2、C3 和三极管的集电结电容组成高频振荡器，振荡频率由印刷电感 L2（印制板上的一段长约 8cm 的弯曲铜箔）、C3 及三极管的集电结电容决定，可变电容 CL，可以微调振荡频率，一般为 200KHz~270MHz。Q3 组成的振荡器在工作时，产生的是高频等幅波。

接着，再将 Q1 和 Q2 组成的 32.768 低频振荡信号，引入 Q3 的 b 极，用 32.768KHz 振荡信号对高频信号就行调制，并通过印刷电感 L2 发射信号。按键每按一次就发射一次。从而实现了无线电波的发送。电感 L1 大约为 10μH 左右，可采用色码电感。

接收机的工作原理：接收机的原理图见图 2-34-2。它由超再生检波电路、放大电路、解码电路和音乐门铃电路四部分组成。超再生检波电路由超高频三极管 Q1、谐振线圈 L2、谐振电容器 C1、反馈电容器 C2 等组成电容三点式振荡器，其振荡频率主要取决于 L2、C1 和 C2，振荡强度由 C2 电容量大小决定，改变 C1 可以改变接收频率。

在超高频振荡建立的过程中，L2、C1 振荡回路中的高频电流，经过 C2 和 Q1 的极间电容向 C3 充电，C3 上的电压升高，产生反向偏置电压加在 Q1 的发射结上，Q1 的直流工作点迅速下移，使高频振荡减弱，直到 Q1 截止、振荡器停止振荡为止。此后 C3 上充有的电荷通过电阻器 R4 放电，Q1 反向偏置电压减小，直到发射结正向偏置满足高频振荡条件时，建立下一个振荡过程，由此形成受间歇振荡调制的超高频振荡，这个间歇振荡就是"淬熄振荡"。振荡过程建立的快慢和间歇时间的长短与所接收超高频信号的振幅有关，振幅大时起始电平高，振荡过程建立快，每一次振荡的间歇时间也短，由于 Q1 工作在接近截止的非线性区，检波后形成的发射极电流也大，在电阻器 R1 上产生的压降也大。反之，当接收的超高频信号振幅较小时，检波后在 R1 上产生的压降也小，因此在 R1 得到与调制数值信号一致的音频电压，这就是超再生检波。由于超再生检波器处在间歇的振荡状态，所以，具有很高的接收及检波灵敏度，有上万倍的放大增益。

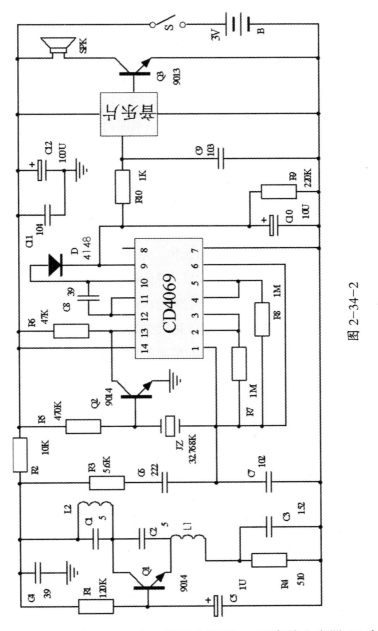

图 2-34-2

在接收机原理图 2-34-2 中，偏置电阻器 R1 及旁路电容器 C5 为 Q1 的 b 极，提供一个稳定的静态工作点。由 Q1 的 c 极输出的信号，在集电极负载电阻器 R2 上产生数据信号压降，通过滤波电阻器 R3 及滤波电容器 C8、C7 除去超再生检波器产生的热噪音及残存的淬熄振荡信号，由 Q1 等解调出的 32.768Hz 低频信号，送到电路 CD4069 的①脚进行放大，再经石英晶体 JZ 选频后，送到 Q2 的 b 极。平时 Q2 的 c 极电位在 0.5V~0.7V 之间，接近饱和状态，IC 的⑩脚输出低电平，没有触发信号输出，音乐片不发声。

当接收机接收到信号时，Q2 的 b 极有信号输入，此信号的负半周使 Q2 的 c 极电位升高，进入线性放大状态，其 c 极输出的信号经过放大整形后，送至二极管 D 的"+"端，并向电容 C10 充电，使 Q3 的 b 极迅速升高并导通，从而触发音乐片发声。

对接收电路的进一步解释，当发射的高频信号被 L2、C1 的选频网络接收后，由于发射信号的频率与其谐振频率一致，因此得到最大的放大，接收到的高频信号，经 Q1 组成的电路选频、放大及检波后，经 R3、C6 耦合，送入 IC 的①脚，经二级负反馈放大后，从⑥脚输出整形后的遥控信号。石英晶体 JZ、Q2 等元件组成带通放大器，JZ 的频率与发射端的晶振频率相一致，当接收到相同频率的信号时，可以有效地得到放大，反之就呈高阻抗状态，可以有效地抑制干扰信号。控制信号经反相后，输出一个高电平信号，作为音乐电路的触发信号，使音乐电路工作。其中，电感 L2 同发射机的电感 L2 一样是印制板上的一条弯曲线路（印制板上的一段长约 8cm 的弯曲铜箔）。电感 L1 为 10μH 左右，可在线路中使用色码电感。无线门铃发射和接收部分的安装、焊接电路板图见图 2-34-3。

图 2-34-3

※ **实践步骤：**

（1）这个电路不适合于采用面包板做实验，此处采用的是定制印制板实验。

（2）为了介绍方便，下面将发射部分称为A部分，接收部分称为B部分。

（3）首先制作门铃的A部分。按照A部分的原理图图2-32-1将元器件准备好后，依照印制板上的标识，根据"先小后大"的原则，一一对应地将元器件安装、焊接好。

（4）按照与上述同样的方式，依据B部分的原理图图2-34-2安装、焊接门铃的B部分。当两块电路板全部安装焊接完毕，并经检查无误后，将焊接好元器件的印制板装进定制的小盒中，并装上电池，准备测试。

（5）将盛装门铃电路板的A、B两个小盒相近摆放，然后，分别接通它们的电源，接着，在按下A的按钮后，静听B盒中的扬声器是否有音乐声传出。

（6）在听见B盒传出音乐声后，用手将A拿起，并不断地按下按钮，在逐渐远离B盒的同时，注意倾听B盒传出的音乐声，直到按下按钮，没有音乐声传出时，就停止移动。这时候，打开A盒盖子，在用无感螺丝刀微微旋转微调电容CL的同时，反复按下A盒的按钮，倾听B盒的反应，最后，将微调电容CL的位置定在，A距B的最远处，并能使B盒发声的位置为最佳。

（7）在做完上述测试后，再将B盒放在室内，将A盒带出门外，并将室门关闭后，继续测试，直到两个盒分离后，无论在室内外A盒都能遥控B盒发声为止。

（8）上述测试完毕并全部通过后，则说明本电路的制作预测试成功，实验结束。

※ **发散思考与练习提高：**

如何让有听力障碍的人士也能使用这个门铃？

预备知识 Y-14：双通道功率放大电路 TDA2822

表 Y-14-1  TDA2822 管脚功能表

| 管脚序号 | 符号 | 功能 | 管脚序号 | 符号 | 功能 |
|---|---|---|---|---|---|
| 1 | OUT1 | 输出 1 | 5 | IN2(−) | 2 反相输入端 |
| 2 | Vcc | 电源 | 6 | IN2(+) | 2 正向输入端 |
| 3 | OUT2 | 输出 2 | 7 | IN1（+） | 1 正向输入端 |
| 4 | GND | 接地端 | 8 | IN1（−） | 1 反相输入端 |

　　TDA2822 是意法半导体（ST）开发的双通道单片功率放大集成电路，TDA2822 电路的外观和内部结构见图 Y-14-1。通常在袖珍式盒式放音机（WALKMAN）、收录机和多媒体有源音箱中作音频放大器。具有电路简单、音质好、外围元件少、电源电压范围宽（1.8V~15V）的特点，电源电压低至 1.8V 时仍能工作静态电流小，交越失真也小，被广泛应用于收音机、随身听、耳机放大器等小功率放大电路。

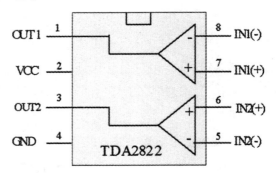

图 Y-14-1

## 例三十五  微型双声道功率放大器制作（□、☆）

※ **电路原理：**这是一款适合手机、电脑使用的微型双声道功率放大器，见图 2-35-1。

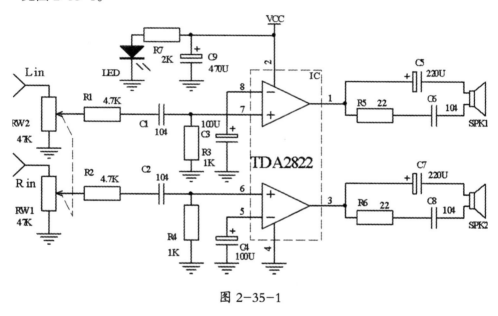

图 2-35-1

它与 LM386 组成的低频放大器不同之处，在于它的核心芯片是一个双通道的 TDA2822 电路，因此，它是两个独立放大器组成的功率放大电路，具有模拟立体声放送的功能。它的电路简单，音质醇厚，适宜作为微型音箱之用。

TDA2822 放大电路的内部结构和外形见图 Y-14-1。其各管脚功能，见表 Y-14-1。放大电路的输入信号是由两个通道进入 Lin 和 Rin，经过同轴双控电位器 RW1 和 RW2 对输入信号幅度的控制后，分别经 R1、C1 和 R2、C2 的耦合送至两个独立放大器的同相（＋）输入端⑦脚和⑥脚，R3 和 R4 分别是两个放大器的输入偏置电阻，C3 和 C4 分别为两个放大器的交流旁路电容。经放大器放大后的信号分别经由①脚和③脚，送至输出电容 C5

和 C7 到扬声器 SPK1 和 SPK2，完成信号放大的功能。R5、C6 和 R6、C8 它们起着抑制高次谐波，避免自激振荡的作用。

　　※ **实践步骤：**

　　（1）本例可选择在任何实验板上进行，此处采用在面包板上实验。

　　（2）根据原理图将元器件准备好后，将 TDA2822 电路安放在面包板的中心位置，并跨接在上、下部分的两侧。然后，依照原理图将各元器件安放、连接完毕。

　　（3）经检查元器件安放、连接无误后，即可接通电源，开始测试。

　　（4）首先，测试左声道：从手机的耳机插孔引出三根线来，其中两根是信号线，一根是地线，先将两根信号线中的一根与 TDA2822 电路的左通道输入端 Lin 相连接，并将地线与地线相连接。

　　（5）用手机播放音乐，在听到音乐声后，再连接上信号输出线（此时手机的扬声器应该没有声音了），然后，启动 TDA2822 电路的电源，接着调整电位器，左声道的扬声器就会发出声音，并且这个声音会随着电位器的旋动而变化，这时，右声道不发声。

　　（6）测试右声道：断开左声道输入端的信号连线 Lin，将手机信号输出的另一根信号线连接至 TDA2822 电路板的右声道输入端 Rin，然后，启动 TDA2822 电路的电源，接着调整电位器，右声道的扬声器就会发出声音，并且这个声音会随着电位器的旋动而变化，这时，左声道不发声；

　　（7）双声道测试：将手机输出的两根信号线分别与 TDA2822 电路板的左右声道 Lin 和 Rin 相连接，然后，向左右旋动电位器旋钮，这时，左右两个声道都应该发出悦耳的声音来。

　　（8）上述测试完毕并全部通过后，则说明本电路的制作预测试成功，实验结束。

　　※ **发散思考与练习提高：**

　　（1）双声道与单声道放大器有什么不同?

　　（2）用定制印制板安装制作本放大器，并将其作为手机音乐播放和学习之用。

# 例三十六　315M 四路无线遥控输出模块应用测试（□）

随着电子技术的发展，电路的功能化、模块化、集成化的趋势也愈加迅速。本例就是以模块化电路为基础，制作的无线遥控装置。因此，了解和分析电路的工作原理和过程不再是我们实践的重要内容，而认识和理解电子模块的功能和应用方法，才是我们需要重点掌握的内容。

※ **功能介绍**：315M 无线模块广泛地运用在车辆监控、遥控、遥测、小型无线网络、无线抄表、门禁系统、小区传呼、工业数据采集系统、无线标签、身份识别、非接触 RF 智能卡、小型无线数据终端、安全防火系统、无线遥控系统、生物信号采集、水文气象监控、机器人控制、无线数据通信、数字音频、数字图像传输等领域中。

发射、接收模块性能优良，采用了数字程序技术，具有抗干扰性强，性能稳定，高可靠性，无方向性，使用寿命长，高稳定性，功耗低，不会有任何干扰、乱码现象，无线接收发射信号，遥控距离远，可穿墙，无方向性，可和市场上固定码、学习码的同频率遥控器任意配套使用。

接收模块采用了超再生接收模式，模块采用 LC 振荡电路，内含放大整形，输出的数据信号为解码后的高电平信号，使用极为方便，带四路解码输出（同时也可改为六路点动或互锁输出），使用方便；频点调试容易。接收模块有较宽的接收带宽，一般为 ±10MHz，出厂时一般调在 315MHz 或 433.92MHz（如有特殊要求可调整频率，频率的调整范围为 266MHz~433MHz。）。接收模块一般采用 DC5V 供电，如有特殊要求可调整电压范围。

发射模块技术参数：

工作电压：DC12V（23A/12V 电池一粒）

工作电流：10mA

辐射功率：10mW

调制方式：ASK（调幅）

发射频率：315MHz（声表面稳频）工作电流：34mA

传输距离：120~150m（空阔地，接收装置灵敏度为负100dBm）（实际距离一般为标称距离的40%~70%）发射模块的电路板实物图，见图2-36-1。

图2-36-1                                        图2-36-2

解码接收模块技术参数：

工作电压（V）：DC5V

静态电流（mA）：4.5mA

调制方式：调幅（OOK）

工作温度：-10℃~+70℃

接收灵敏度（dBm）：-105DB

工作频率（MHz）：315

接收模块的电路板实物图，见图2-36-2

如距离要求较远，最好接1/4波长的天线，一般采用50欧姆单芯导线，天线的长度315m的约为23cm，433m的约为17cm，天线位置对模块接收效果亦有影响，安装时，天线尽可能伸直，远离屏蔽体、高压及干扰源的地方，使用时接收频率、解码方式应与发射匹配。

接收模块的引脚及功能：

①VT输出状态指示；②D3数据输出；③D2数据输出；④D1数据输出；

⑤DO 数据输出；⑥5V 电源正极；⑦GND 电源负极；⑧ANT 接天线端。

接收模块一共有八个外部接口，上面有英文表示。5V 表示接电源正极，DO、D1、D2、D3 表示输出，GND 表示接电源负极，ANT 表示接天线端。

315M 模块的功能测试：

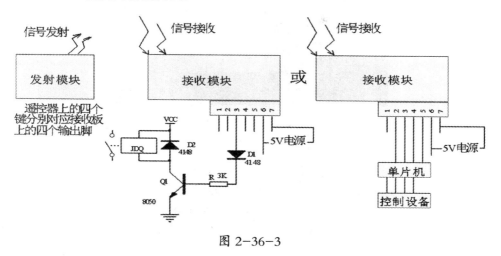

图 2-36-3

315M 接收模块的功能原理图见图 2-36-3。为了能够正确使用和确保315M 模块的完好，一般在使用之前要对其做以下测试：

（1）将 315M 模块插入面包板上，并根据模块的相应输出和接入标志，用导线将其与电源和地连接好；

（2）接通电源，将万用表置于电压档 V-，分别测试模块的输出端DO、D1、D2、D3 的电压，正常时应该均为 0V。

（3）与万用表的红表笔测试位置相对应，先后按下发射器按钮并按此顺序测试 A-DO、B-D1、C-D2、D-D3，这时，每个对应端的输出电压，正常时均应为 +5V 左右。

（4）完成上述测试后，若各输出端电压与正常值符合，则说明模块工作正常。

实际测试模块方法图见图 2-36-4。

这是315M 无线收发模块的典型应用方式，使用者可以根据自己的情况，加以改变或扩展功能，可以应用于汽车、航海、航空模型的控制，也可用于家庭内部的电器控制，如电动窗帘、电动门窗等。315M 无线遥控 4 路输出模块的应用方式见图 2-36-5。

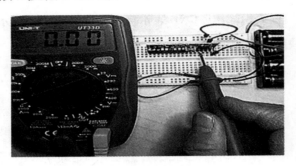

图 2-36-4

图 2-36-5

## 例三十七　四通道遥控声、光、电电路展示模板制作(□、☆)

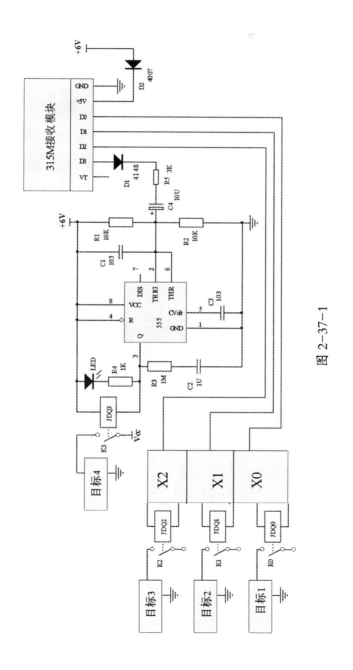

图 2-37-1

※ **电路原理**：这是一款以声、光、电控制为目标的四通道无线遥控展示模板的制作，电路原理见图 2-37-1。

本电路是以无线电调幅控制方式，通过 315M 四通道无线模块的接收和解调方式，来实现对模板上的控制对象进行控制的一个四通道遥控电路。其基本工作原理：发射器将四路编码信号通过无线电调幅方式发射出去，然后，被 315M 接收模块所接收，同时，对接收到的信号进行解码和输出脉冲，从而实现对控制对象进行控制的目的。

本例中，控制对象为展示模板上的发光管矩阵、音乐片、发电机和电风扇四个电路，这四个电路通过 315M 发射器的控制，使其在展示模板上分别发出音乐、光亮、发电和风扇转动的动作，展示模板和控制电路板的外形见图 2-37-2。

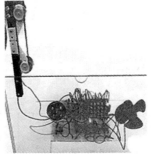

图 2-37-2

四通道无线遥控声、光、电电路展示模板的工作原理：当 315M 发射器发出编码信号后（A、B、C、D），接收模块将编码信号解码，并在相应的位置上（D0、D1、D2、D3），输出一个正脉冲，而这个正脉冲经过二极管 D1、电阻 R5 和电容 C4 后，被送至 555 电路的②和⑥脚，即 555 电路组成的双稳态电路的触发端，双稳态电路被触发，继而翻转进入另一个稳态，同时 555 电路的输出端③脚输出低电位，使得继电器 JDQ 吸合，继电器触点开关 K3 吸合，接通其所控制的电路电源（音乐、光亮、发电和风扇转动），使其工作。

当需要解除被控电路的工作状态时，按动发射器的按钮（A、B、C、D），在接收模块的相应位置上（D0、D1、D2、D3），再次输出一个正脉冲，这个正脉冲再次触发双稳态电路翻转，使其进入另一个稳态，控制过程即告结束。

对于315M遥控模块的应用，还有很多方法，比如，在控制电路中可以不采用双稳态电路，而直接由三极管来驱动继电器动作，不过这样的效果与采用双稳态电路不同，电路中没有采用双稳态电路时，继电器的动作是与发射器的按钮同步的，即：按钮按下，继电器吸合；按钮松开，继电器释放。

而电路中，采用了双稳态电路后，电路的工作状态就会发生改变，即：继电器的吸合和释放不再与发射器按钮的按下和松开同步。这时候的控制电路，在按钮按下后，继电器吸合；而按钮松开，继电器依然保持在吸合状态，直至再次按下发射器按钮，继电器才会由吸合转变为释放状态。

同时，还可以对接收器模块的输出端按一定方式进行编组，达到控制更多目标对象的目的。

**※ 实践步骤：**

（1）本例可在实验面包板和定制印制板上实验，此处在实验面包板上实验。

（2）根据原理图先将元器件准备好后，先将315M模块插入面包板的一端，并根据模块的相应输出和接入标志，用导线将其与电源和地连接好。

（3）接通电源，将万用表置于电压档V-，分别测试模块的各输出端D0、D1、D2、D3的电压，正常时应该均为0V；

（4）与万用表的红表笔测试位置相对应，先后按下发射器按钮并按此顺序测试A-D0、B-D1、C-D2、D-D3对应端的输出电压，正常时均应为+5V左右。

（5）模块输出端测试结束后，按照电路原理图安装其它元器件和连接线。

（6）安装和连接完毕后，开始测试电路工作情况。首先接通电源，顺序按下发射器的按钮 A、B、C、D，同时观看面包板上的电路，与之相对应的发光二极管 LED 是否会随其点亮和熄灭，同时，注意用耳朵倾听继电器 JDQ 有没有"嗒、嗒"的切换声音。

（7）若上述情况一切正常，则将电路电源关闭，将被控制电路的控制点（一般都是控制电源，也可以控制其他部分）接入继电器的常开或常闭触点（K0~K3）。

（8）重新启动电源，对发射器进行操作，然后，观看各被控目标电路的工作状态和反应情况，若一切工作正常，再做控制距离测试。

（9）在 315M 接收模块的 ANT 端，焊接一根长约 5cm~10cm 的导线作为天线，并将发射器的拉杆天线全部拉伸出来，测试人员一边按动按钮，一边观察和倾听被控电路的动作和反应，直至按下发射器按钮，被控电路不再反应为止，此即本电路最大控制距离。

※ **发散思考与练习提高：**

（1）设想出 2~3 个用 315M 模块控制的控制项目。

（2）无线电控制和红外线控制方式有什么不同？

# 例三十八　六晶体管超外差式收音机制作（☆）

**※ 电路原理：**这是一款典型的采用分立元件组成的超外差式无线电收音机，电路原理图见图 2-38-1。超外差式收音机就是把收音机收到的广播电台的高频信号，都变换为一个固定的中频载波频率（仅是载波频率发生改变，而其信号包络仍然和原高频信号包络一样），然后再对此固定的中频进行放大，检波，再加上低放级，就成了超外差式收音机。对于调幅收音机，这个中频频率是 465KHz。

本机的接收频段为中波段，接收频率范围为 535KHz~1605KHz，电路主要由输入回路和高放、本振、混频级，一中放级，二中放级，前置低放兼检波级和功率功放级组成。首先，电路由 T1 和 CA 组成的输入调谐回路接收信号，经过 Q1 的高频放大和混频后，得到的差频 465KHz 信号，分别通过 T3、T4 送至 Q2 和 Q3 进行二级中频放大，中放后的信号通过 C6 耦合到 Q4 进行检波和低频前置放大，然后，通过 T5 送到 Q5 和 Q6 进行推挽功率放大，最后，通过 C8 输出推动扬声器发声。

电路中，T1 是安装在铁氧体磁棒上的两组线圈，作为收音机的天线；T2 中频变压器起着振荡和耦合作用；T3 和 T4 中频变压器（也称：中周），作为级间放大器耦合中频信号之用；T5 是输入变压器，将低频信号耦合至功放级；C8 是输出电容。由于这些变压器根据其所在位置的连接方式和频率特性，都在出厂时将磁芯位置调在了中心频率为 465KHz 的位置上，故不可任意调换位置（根据中周的磁帽颜色区分），并且尽量不要旋动磁帽，更要注意不要将 T1 和 T5 的初、次级接反（元件上均有颜色或凸点标记），否则会造成机器不工作的情况发生。六晶体管超外差式收音机的定制印制板见图 2-38-2。

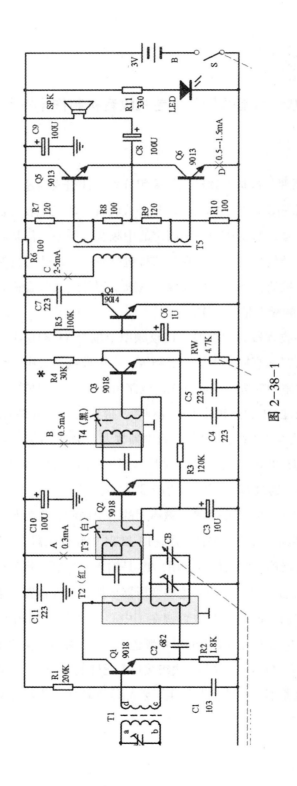

图 2-38-1

180

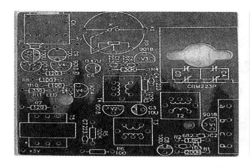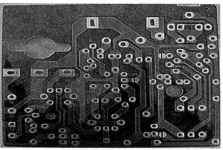

图 2-38-2

图 2-38-3

由于六只三极管的工作位置不同，它们的工作频率和输出功率也不一样，所以，要按照图中给出的型号、参数和位置来安装，否则，也会影响整机工作。六晶体管超外差式收音机的整机安装图见图 2-38-3。

※ **实践步骤：**

（1）本例只可在定制印制板上实验。

（2）根据原理图将元器件准备好后，按照"先小后大"的安装、焊接原则，对应印制板上的标识，将各元器件认真安装、焊接完毕。

（3）经检查元器件安放、连接无误后，即可接通电源，开始测试：首先，将万用表置于直流电流 A- 的位置，再把音量电位器调至最小位置，然后，用万用表从收音机的后级往前逐级测试，即从 D、C、B、A 的顺序进行测试，只要这几个点的电流与电路图的标称接近，就在测试后，将其用焊锡连接好，准备收听节目。

（4）调试时，若某级电流值出入较大，则说明电路中可能有焊接错误或有短路、虚焊的现象。此时，先将电池取下，再认真核对三极管的型号与位置、管脚等对否、中周磁帽的颜色是否排错、D、C、B、A 的缺口是否连接上、T1 天线的初、次级有无接反、T5 的初、次级有无接错等，最后，再检查元器件的焊接有无短路、虚焊的情况。当一切检查完毕，并排出故障后，便可再次开机测试，直至一切正常为止。

（5）在焊接和排除故障时，要注意每次焊接的时间不可过长，否则会使焊盘脱落和元件损坏。

（6）静态电流测试完毕，便可开始整机测试。首先，打开电源开关，将电位器旋至一半的位置，再调谐频率旋钮，注意收听扬声器中传出的电台节目。正常情况下，收音机收到的节目大多数都是清晰的，少数节目因为信号弱，不清晰是正常的。

（7）若整机声音偏小或失真严重，可以向左、右微调中周 T3 和 T4 的磁帽位置（但应记住原来的位置），若有改善，就可将磁帽位置定于此，若无变化，最好将磁帽旋回原来位置。

（8）上述测试完毕并全部通过后，则说明本电路的制作预测试成功，实验结束。

※ **发散思考与练习提高：**

完整表述收音机的工作过程和各级的功能、作用。

# 后　记

　　本教程主要以青少年电子爱好者、大中小学校以及青少年科技活动中心等教育机构为对象，以电子科技教学、实践为内容，通过具体案例的学习和动手制作的方法，使每个参与者都能够对电子基础知识有相当程度的了解，具备独立动手制做"电子制作"的能力，掌握常用的电子测量方法，学会分析简单电路的原理分析和故障排除，从而使动手、动脑能力得到有效的提高。

　　本教程内容主要以电子基础知识学习和应用实践为主，每个案例都配有原理图和原理介绍，同时，还有实践过程的指导内容，这为初学者的学习和实践提供了非常好的条件。在此基础上今后还会继续编写适合青少年科技教育的"单片机和电子技术实践"等方面的教程，以满足青少年科技教育的需求。

　　根据各教学单位和学生的需求，配合教程中的电子实验项目内容，需要相应的电子材料和工具者请发邮件至：13366237830@163.com 或关注微信公众号联系。